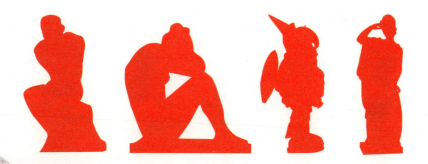

博物馆空间解析
与美育

BOWUGUAN KONGJIAN JIEXI
YU MEIYU

—— 走进世界的博物馆

ZOUJIN SHIJIE DE BOWUGUAN

刘治龙 著

东北师范大学出版社　·长　春·

总/序

随着社会的发展、时代的进步，博物馆建筑逐渐成为城市服务民众教育的重要载体。每个国家、每座城市都拥有属于自己文化根基的、独一无二的博物馆。博物馆成为连接城市与民众的媒介，其功能愈发多元：是知识的中心，是交流的中心，也是城市活动的中心，甚至是一处静思与疗愈的场所。博物馆的文化中心作用被不断强化，其在收藏保护、文化传播与交流方面的功能越来越受到广大民众的认可。民众也更愿意走进博物馆去欣赏跨越各个时代的藏品，感受艺术的熏陶。博物馆是教育与研究的中心，更是一座城市的名片。历经时代的变迁，人们仍然希望在观展与体验中寻找自己需要的知识与触动——空间场域与互动体验能引发观展人群更深层次的思考。因此，博物馆的空间为人们传达的不仅是空间与知识信息，其承载的内容更是对人们进行教育与审美感知的启迪。

在物质文化空前繁荣的今天，图像传播已经深入人们生产生活的每一个角落。博物馆作为知识交流与传播的场所和媒介所体现的文化自信与文化认同中具有历史性和艺术性的部分不容忽视。信息化的介入、互动化技术手段的发展、沉浸式的观展体验拉近了博物馆与观展人群之间的距离，博物馆的发展也由原来的单一线性输出模式发展到"社会化""媒体化"阶段。博物馆作为场所本身也不再是教学与知识传播的空间载体，而是越来越多元化地将文化共性与人们的认同联结在一起。

　　本书通过梳理博物馆建筑与空间的发展，从美育角度剖析人们对公共文化需求的转变，包括美育接受中知识信息的传递、多媒体技术影响下人们知识获得的改变等。本书通过对十一座著名博物馆的剖析与鉴赏，力求从建筑设计的角度挖掘博物馆空间生成背后的故事，总结在知识获得与交流方式变革影响下的博物馆空间美育更新策略。同时，从人文角度观察和思考不同时代、不同国家的顶级博物馆空间营造中涌现的新现象、新问题，进行资料上的梳理和与空间美学相关的文化总结，希望为对博物馆空间、博物馆学感兴趣的同人提供相对客观的参考。

中文"博物馆"一词源自英文的"museum"。从词源学的角度看，英文的"museum"又源于希腊神话中"Muse"（缪斯女神）。缪斯是希腊神话中主司艺术与科学的九位古老文艺女神的总称，她们是众神之王宙斯和记忆女神谟涅摩叙涅所生的九个发束金带的女儿，她们代表了通过传统的音乐和舞蹈、世代流传下来的诗歌所表达出来的神话传说。因此，"缪斯"一词也带有人类科学文化和历史发展的知识汇总色彩。

作为舶来品的"博物馆"原是外来的名词和产物，在中国古籍中原本没有"博物馆"这一名词，有的只是"博物"二字，大意就是见多识广、博识多知。例如，《汉书·刘向传》："赞曰：……皆博物洽闻，通达古今。"鸦片战争之后，中国的有识之士终于从天朝上国的迷梦中惊醒，开始走向世界。很多人出国之后，都会游览当地的博物馆，并将感受记录下来。与大学、医院等这些现代公共空间一样，中国本土的博物馆也是由外国传教士引入的。其中比较著名的是法国耶稣会传教士韩伯禄 1868 年在上海创办的徐家汇博物院，这也是外国人在中国建立的最早的自然类博物馆。

直到 1905 年，中国才迎来了自办的第一所公共博物馆——南通博物苑，创建者是我国著名民族实业家张謇，办苑宗旨为"设为庠序学校以教，多识鸟兽草木之名"。它是一座中国古代范围与西方博物馆理念融合的"馆园一体"的综合性博物馆。由此，中国的博物馆行业得以起步，经过百余年发展，成为如今文化属性发展与传承的柱石。

中国百余年的博物馆发展，其进程和历史时代背景是息息相关的。进入20世纪末21世纪初，博物馆的数量和规模都在急剧扩大，在城市建设中占据着重要的位置，成为城市规划与发展中必不可少的一部分，并与市民的生活紧紧结合在一起。建筑本身即凝固的历史，博物馆建筑更是一座城市甚至一个国家悠久历史的物质文化载体与意识形态表达。物质水平的提高和社会科学的进步使博物馆的收藏功能和开放程度发生了重大变化。在当今社会，博物馆已经不单单是一个陈设藏品的环境容器，其本身已成为一种建筑视觉符号的象征，博物馆地标性的公共建筑意义也在城市文化属性上有了极大提升。在传播和延续知识与文明的本职功能基础上，博物馆建筑本身的空间所呈现的视觉效果和所承载的精神共鸣成为博物馆美育传播与推广的重要基石。

随着社会对知识获得及生活品质需求的逐步提升，人们对博物馆的认知也在发生着变化。如何更好地展示藏品，溯源文物与艺术品背后的历史与文脉成为对博物馆建筑和空间美育的新的要求。博物馆建筑设计和内部环境规划一般是通过对材质、采光、空间、形式上的设计，使人与藏品产生联系互通，拉近人与物的距离，让传统的言传和书本上的知识获得有了新的方式和途径，为人们了解世界打开全新的视野。人们通过空间设计连接展品所处的环境，并通过讲解理解展品的文化价值，产生互动与共鸣。建筑与室内场域空间的介入，使观展人群对空间环境有了全新体验。它可以全方位地为人们提供身临其境的观感，使空间的解读者更好地理解展品，乃至策展事件所处的时代背景与环境特点，从而突显博物馆的育人效果，达到博物馆空间美育的作用。本书通过对博物馆空间美育的解析，将人们熟知的身边的博物馆从建筑学和环境设计的视角进行解读，在理论上梳理博物馆建成的教育内涵、文化特征和历史使命，并在此基础上精心挑选出世界级建筑大师的博物馆作品进行剖析，为人们更好地理解城市中的空间美学和环境美育提供新思路。

每一座博物馆都有其自身的"场所精神"，它是关于人们见到这座建筑，进而步入室内场馆带着的对这个构筑的空间的理解，有其独特的内涵与意义。于是，艺术性、意向性、独特性成为博物馆建筑空间环境需要表达的内容。为什么有的博物馆空间环境会让人产生对知识的向往，有的博物馆建筑使人诗意地行走其中？带着这些问题，我们走进了一系列建筑巨匠所设计的博物馆的大门，站在巨人的肩膀上，观察博物馆带给建筑世界和人类社会的变化，在建筑的内与外之间寻找空间美学的真理，并在探寻空间如何教会和培养人的审美感知这个方向上继续前行。

（本书中所提供的博物馆案例均为作者亲自走访、拍摄，为相关的博物馆研究提供了第一视角的资料）

目 / 录

上篇

理论篇

壹

博物馆空间美育的源起

空间对人的认知行为的影响伴随着人类的发展。空间美学最早产生于祭祀与宗教场所。公元前 14 世纪建造的卡纳克神庙通过 6 道大厅、134 根巨型石柱，为来访者带来神权与秩序、尊崇与畏戒的心理感受。其中，空间对人性的压迫、对神性的提升起到了至关重要的作用。欧洲中世纪高耸的教堂不仅是对人视觉的洗礼，更是对人心灵的震撼。从伊斯兰教堂高尺度的大门进入建筑内部，顿时让人心生敬畏，阳光从穹顶照射进室内，人们仿佛见到了神圣的光。场所精神伴随文化的发展，对人们的空间感知产生着极大的影响。这些公共建筑形成了早期的空间美育的萌芽。只是直至近代，大众才有机会去接触这些具有象征意义的公共建筑。作为民众最喜爱的博物馆的出现，使空间美育逐步有机会向平民阶级敞开怀抱。

中国近代博物馆的发展是一个渐进了解与接收的过程。1875 年，刘锡鸿出使英国，在参观大英博物馆后感慨："夫英之为之，非徒夸其富也。凡人限于方域，阻于时代，足迹不能遍历五洲，耳闻不能追及千古，虽读书知有其物其名，究未得一睹形象，知之非真。故既遇是物仍不知为何者，往往皆然。"① 可见早在 19 世纪，中国有识之士已经通过文化交流意识到博物馆有助于民众教育的启迪和素养的提升。

百余年前，北京大学首任校长蔡元培先生在借鉴德国哲学思想的基础上，从康德、席勒等人的思想中汲取美育思想，提出了"以美育代宗教"一说，把审美意识牢牢镶嵌到中国社会变革上，旗帜鲜明地强调美育在国民教育中的作用，影响了中国人文教育思想的嬗变。由此，空间美育的发展在中国进入一个全新的阶段。20 世纪初，我国的博物馆刚刚在大城市以新鲜事物的形式出现在民众的视野里。随着国家和社会的发展，博物馆作为文化象征的重要载体，越来越受到人们的关注。

伴随着城市的出现，公共空间成为公民聚集、交流的重要场所。博物馆是重要的城市空间，被称为"城市客厅"，是城市文化繁荣、市民意志表达的重要公共建筑。每一座历史文化积淀深厚的城市都拥有其引以为傲的博物馆，北京的故宫博物院、纽约的大都会艺术博物馆、巴黎的卢浮宫、伦敦的大英博物馆，某种程度上代表着一个国家的文化精粹及历史缩影，它既连接着过去的历史，也展示着人们如何面向未来的态度。博物馆通过空间与时间，使人与展品维持着个体与集体命运的关联。很大限度上，可以说博物馆是社会记忆的叙述者，人们通过空间在建筑中建立属于自身的文化链接与身份认同。博物馆是将空间与美育联系在一起的最好的载体。人们在观看展品时，浅层的意识是看到展品

---

① 王天根. 传播视阈下不列颠图书馆藏中国近代珍稀文献及其解读[J]. 史学月刊，2017（1）：15-19.

的材质、质地、颜色，或被它华丽的用料惊叹，或被它精湛的技艺震撼，但展品的更多意义在于其所处的历史背景及背后的文化。器物中传达的是古人的情感与文化的光辉，它们十分自然地流淌在这些展品的各个细节中。这些展品蹚过时间的长河，将自身展现给现代人，本身就是一份幸运。在特定的展陈环境中，展品所处历史承载的文化记忆与情感会更加深刻。空间在其间的作用是巨大的，而狭小的空间无法对重要的展品形成对等的精神投射，因此博物馆的空间是需要精心设计并建造的，这必将使人们对空间的印象产生想象，由此产生了空间美育。

早期的博物馆充满上层阶级的个人审美意志，建筑呈现的语言风格化明显，具有强烈的象征性和意志力表达。博物馆的收藏往往相对随意，充满收藏者个人色彩，以个体藏家为主，主体及展品缺少以史料为主的系统化分类与串联。随着时代的发展，博物馆及大众展馆不断向社会化转型，其公共属性变得尤为重要。而今，博物馆筹建和经营早已不再以个人意志为中心建造一个乌托邦式的建筑，而是着眼于普通人的教育。在知识获取便利的信息化时代，博物馆更是拥有无可替代的魅力，是人们最喜爱的接受知识与教育的场所。人们乐于沉浸在博物馆空间带来的包容中，去感受知识的获得过程。博物馆的公共服务功能属性成为建设学习型社会的重要一环。博物馆的公共属性使它具有向更多公众发声并传播知识的天然使命，因此当下的博物馆在民众心中不仅是一个文化符号和城市标志，更涉及知识的聚集和信息的传达。传统博物馆的收藏、展示、教育功能三者间的联动关系在信息化的背景下以清晰和统一的形象传达给民众，人们能够更快、更准确且不受时间和空间的限制在线访问博物馆，获取展品及其背后的故事。

当代博物馆的意义已经远远超出了过去收藏的场所。生活方式的改变与信息技术的介入使博物馆呈现出由藏品到文化、由实物到空间、由思想到感受的功能上的变化过程。博物馆一方面拥有公共建筑的本质特征，成为毋庸置疑的文化地标；另一方面承载着传播知识、延续当地文脉的重要职能。移情是审美感知的重要组成部分，而建筑是凝固的历史，博物馆内部的空间感知对于人的情感触动具有重要意义。越来越多的博物馆建筑不再单纯地强调形式，而是把空间体验和场所精神放在了构建的核心位置，通过历史的回忆、知识的分享、灵感的启发为人们的内心带来沉浸式共鸣。

博物馆承载的不仅仅是收藏、研究、展示与教育功能，其自身更是一种知识与信仰、震撼与熏陶的学习场所。博物馆的空间环境可分为自然环境（the natural environment）、建筑环境（the architecture environment）和文化环境（the cultural environment）。其中，建筑环境所承载的空间环境传达给人们的是最为直观的体验，进而转化为理性的力量，在潜移默化中激发人们内心对美的尊重与理解，形成属于个人的审美观。

博物馆建筑如何在"容器"和"内容"间取得平衡，是现当代被广泛讨论的问题。科普的内容固然重要，但忽视了空间场所给予的烘托和空间上给予的展陈的塑造可能，则会使观众感到乏味；反之，空间形式过于花哨则会影响观众参与空间的目的，使人积极的求知欲望消减。一方面，作为外表皮的建筑形式给予观众直观的印象，使建筑的气质与职能清晰地表达，并通过外界与室内的交流，使观众感受到一种完整而真实的空间；另一方面，观众对文化的补充与传达、知识与教育的给予、参与和理解的接受的需要也对博物馆的内部空间提出了更高的要求。"绝对"与"相对"是西方现代建筑美学观念演变的一个重要线索，古典美这一绝对标准在近现代发生了重要变化，美的相对性观点出现并蓬勃发展。在肯定美的相对性、否定美的绝对性之后，西方的博物馆建筑试图在空间中寻找能够为大多数人审美所接受的通识化美学空间。沿时间纵轴与博物馆分类横轴两个方向划定研究对象，完成当代博物馆空间美学观念的梳理，能为博物馆空间对民众的美育引导提供有价值的参考和借鉴。这一过程中围绕建筑审美的讨论甚为激烈，如美学与心理学有关的"移情作用"，以及哲学中有关的感觉、感知等问题。因此，空间建筑对人的心理及审美产生的影响极为值得讨论与研究。空间的评价是形式与内容的统一，博物馆聚集了各类诉求与内容的映射，其空间艺术形式对参观者的影响值得深思。可以肯定的是，在抛弃无关要素后，人们将找到有关艺术永久不变的核心本质。

近年来，博物馆的修建与扩建工程成为众人瞩目的焦点，它使公共建筑本身成为纪念碑式的场域空间。一方面，博物馆的选址往往位于交通较为便利的地块，个性化的造型、庞大的展陈资源鲜明地展现出其在城市文脉与变更过程中的重要作用；另一方面，博物馆传达出的信息与大众接受的教育不局限在展品与陈述中，环境的塑造使知识的传递由单向变为多维，空间的形态、建筑的力量所释放的感染与震撼将人们的认知带到了更加全面的境界。与此同时，博物馆作为公共空间，其重要的科教功能得以全面呈现。当代的博物馆逐渐演变为公共的交流场所和新兴文化阵地，开始更多地作为共享空间出现在世人面前，而不再局限于知识的普及、艺术品及文化衍生品的展示。人们在参观博物馆的过程中接受知识的态度也发生了改变，这极大地影响了各类博物馆的定位，并将其从功能布局和场所定位中分化出不同的利用方式。

贰

空间美育的多元呈现

2007 年《国际博物馆协会章程》对原有博物馆定义进行了修订,将"教育"调整到博物馆功能的首位,这表明教育功能不仅是博物馆对社会的责任,而且是其首要任务。美育既是审美教育,也是情操教育和心灵教育。博物馆作为公众教育最为重要的一环,参与度广泛。人们在获得知识的同时,环境对空间的载体——人的影响不可或缺。博物馆在以教育功能为主体的公共建筑中不可或缺,其审美教育在人本教育中发挥着重要作用。空间作为博物馆展览的容器与美育的传播息息相关。从欣赏到理解,从教育到思考,环境的介入赋予博物馆空间美育以新的含义。

博物馆的教育功能分为两个方面:知识的教育和审美的教育。美国博物馆界名著《新世纪的博物馆》对博物馆教育意义的描述为:"如果把藏品比作博物馆的心脏，那么教育就是博物馆的灵魂。 如果说打造为公众的美术馆是我们努力的方向，那么公共教育则是公众美术馆的灵魂和归宿。"空间的视觉影响直接介入人的感受，是人们了解环境、判断定位及认可去留的第一印象。博物馆的建筑空间不仅是简单的物质构建，更在很大限度上构成了博物馆与人即主体与客体交流与对话的空间。因此，博物馆空间传达的既是作为空间容器本身对它所展示的文化的理解，更是在向人们传达关于环境与背景的再现。

博物馆的历史从收藏文化开始，但又不局限于收藏。展陈的方式也是一种讲述故事的方式，通过时间脉络把收藏品串联在一起，形成一个主题，达到知识获得的目的。因此叙事和阐述是博物馆重要的任务之一，博物馆需要有效并准确地传达给受众主体，以此为公众输出信息，使其获得知识。在审美的教育中，作为公共建筑的博物馆能够在最大范围内集中公众的智慧，以权威、专业、准确的姿态呈现在世人面前，已经成为社会文化不可或缺的一部分。因此，如何将展品的故事讲好，运用怎样的方式和手段解决讲述过程中观众的接受问题，是目前博物馆空间处理中重要的任务之一。空间叙事和文化属性已成为博物馆建筑空间设计、建造的核心，为公众的审美教育打开了一扇大门。对此，博物馆空间对公众美育的表达方式可分为空间再现、美育输出和审美感知三方面。

（一）空间再现

博物馆的内容主体是展品。但作为空间的主体，博物馆的功能绝不是为展品提供一个栖身之所，展品的意义也绝不只静静地等待人们去驻足、去欣赏，它应该被更多人了解，促使人们通过对它的了解，去解读一段历史，或是唤醒人们对某段时间某件事情的思考。因此信息传播的途径自博物馆诞生起就尤为重要。博物馆的收藏之所以受到人们的喜爱，往往是因为其展品具有独特、美丽、精致和纪念性等特征。不同的人看待同一件展品会有不同的反馈，如一件宋代的瓷器，孩子会看它是什么颜色、什么形状，历史学家会看它的年代、出土地点等，从事与美术相关的人群会看它的工艺和艺术造诣……可以说千人千面。空间的介入让展品与环境相统一，空间对人的带入感是小尺度展品无法比拟的。因此空间在展陈的关系中占有重要位置。

步入博物馆，尤其是历史博物馆，我们往往会发现，展品不同，而出于对文物保护（光照、温度、湿度等）技术要求，展柜的形式千篇一律，这就对博物馆的展陈部门提出了相应的要求：在什么样的环境里会建立展品与人们的联系？如何去寻找文化的痕迹，进而不断地去丰富和补充？博物馆的空间必将有效地钩沉人们对自然的亲近和对历史的回忆。这种环境的营造，绝不是场景的还原和复制，而是需要理解展品与环境的关系，同时考虑受众群体的诉求，再进行审美上的输出与氛围的营造。

展品是博物馆的主体，展品的功能随着历史的发展而变化。博物馆中的展品，过去发挥的是它的使用功能，而现在发挥的是它的展示功能。展品功能的改变影响了展陈空间的介入。这种功能上的转换，需要环境和空间去突显展品的文化和叙事性特征，并在基于文化认同和民族情感上做出全面而准确的传达。

（二）美育输出

随着传统生活方式、习俗仪式的改变甚至消失，人们的日常生活、交流方式也发生了一系列改变，城市节点、公众活动的中心逐渐被公园、体育馆、商场等公共空间取代。城市的公共空间和基础设施成为衡量地区发展的重要指标和组成部分。城市博物馆是城市的地标，是展示一个城市文化的舞台；为不同的文化交流与汇聚提供了重要场所。作为公共场所，博物馆本身也是市民共享的公共地带。博物馆外部建筑与内部空间之间的联动关系会让人们产生深刻的整体印象，因此很多博物馆的前方都规划出一个相对开阔的广场，人们可以在这里举办室外活动，进行集会、交流，甚至小型会演。空间的释放为民众提供了参与和互动的机会，使空间的美育功能得以输出与传播。

人们参与博物馆体验在很大限度上也是一种审美活动产生的过程，人们不仅在认知方面受益，在身心方面也得到熏陶。与其他获得知识的途径相比，博物馆具有多维度展示的综合性特点；与线上展览相比，线下博物馆带给人们的是更加立体与全面的体验。因此，在知识的获得与感受上，博物馆具有自身的优势，而这种优势分为综合性和形象性两个方面。综合性优势在于博物馆空间、历史赋予的使命，以及其背后策展团队的精心打造；形象性优势在于博物馆可以通过环境的模拟，或者参与者的融入塑造生动的场景再现。博物馆的展陈和叙事过程，就空间呈现而言，与叙事学相似，需要背景的介绍，事件的发生、发展、高潮和结尾；不同的是空间对人们感受的渗透可以通过空间的开合来呈现。如果一个展厅，步入其中便是一个宏大的空间，再进入到小的空间支线去参观，那么空间的参与过程就会索然无味。空间的起承转合、开放和收缩也需要策划者在布局中将展览内容的主次和重要程度清晰地传达给观众，这在博物馆的空间意识输出中尤为重要。良好的人流动线也与空间品质息息相关，它在潜移默化中影响着观众在参展过程中的秩序和行为。

（三）审美感知

空间是塑造博物馆吸引力和感染力的最为重要的途径。一个具有良好空间感观的博物馆，更容易在场所内实现教育与知识的传播和民众对审美感知的接受。在空间感知与输出方面，首先是展品与室内空间构成的物理空间；另外，人们接收信息的心理空间与接受度构成了审美培育的另一个维度。审美的接受与人的经历、知识的储备有非常大的关系。因此，如何建立展品与公众的联系是构建博物馆场所精神的重要组成部分。博物馆展陈环境分为实物性展品展陈和非实物性展陈两个方面。非实物性展陈可以更加立体和丰满地补充展品的背景史料、空间构架、适用人群和文化意义等，如展品的分析和介绍、背景音乐的介入、全息影像的参与等。而现代化信息手段更为公众对知识的获得提供了全方位的接收方式，其具体的表达媒介可以分为物理的空间媒介、情景媒介、声音与温度等，非物理的则有文字信息和传达装置等，这些表达媒介可以说是非物质展陈最重要的表现方式和手段。

空间氛围可以满足人们的个性化诉求，理想的场馆则会激发人们对知识的好奇与探索，并使人与脱离于场所的思想产生联动。

叁

审美与情境构建

（一）博物馆空间的美学呈现

博物馆的空间属性既有其物理概念，也是文化的延伸。空间由"空"与"间"构成。其中，"空"强调包容，指博物馆的界面围合创造出以沉浸式体验为主体的空间内部活动；"间"强调建筑中的规划与引导、私密与开放，构成了人为感知的表现实体。现实中，人们对空间尺度的感受往往与实际有很大差异，因为光线、声音和材质属性让空间变得不同寻常。比如：即便在小尺度的空间里，由灯光虚化的界面也会让人置身深空，在狭小的空间里演奏交响乐同样会使空间感受变得宏大；在黑暗的空间里，由于边界意识模糊，即便有限的空间也会让人犹如置身深空。人们对空间的理解不同，让空间的表现呈现出极大的丰富性。博物馆空间作为以教育、传播、研究为主体的多元空间，本身就承载着人们对它的想象与期待。

空间美学的重要问题是"存在"。人们对建筑空间中"存在"的感知包含两方面内容：一是人对建筑存在的思考，即为什么这个建筑会出现在这里，为什么以这种形式出现；二是人置身于建筑中对自我存在的感知与思考。人们会在由人工构筑的空间中寻找适合自己出现的位置，例如，我们置身于博物馆空间，即要判断从哪个方向观展合适，在陌生的空间中哪里是安全的，我们来到这里的原因是什么。场域的精神带给人们的不只是视觉上的观感，更会引起人们对存在的思考。

14

由安藤忠雄设计的沃斯堡现代艺术博物馆将天光、水面等自然因素融入由清水混凝土构成的现代主义建筑空间，使大体量的空间格局与巴勃罗·毕加索、杰克逊·波洛克、里查·塞拉、辛蒂·雪曼、安迪·沃霍尔等著名艺术家的作品形成共鸣。由玻璃箱体构成的博物馆坐落在一片清澈见底的碎石水面上，建筑的对面是两棵由白钢构成的倾斜的树干，在由人工构成的灰暗色调里非常耀眼，仿佛以道劲有力的现代语言诉说着艺术最深层的精神世界。步入博物馆，巨大的玻璃幕墙用标志性的混凝土空间构成精美的取景框。空间的场所精神难以描述，不同的文化背景会产生不同的联想，因此更纯粹的空间往往会承载更多元的世界。这也让众多艺术家的作品在空间中碰撞出绚烂的火花。博物馆展厅中的人工照明与自然光的交互影响着参观者的参观。艺术作品的展区由人工照明主导，灯光对视觉的引导能够帮助人们判断自己在空间中的位置，同时更加准确深入地理解展品所处的环境背景。公共空间如建筑界面的交汇处、公共艺术展区、楼梯间则利用自然光为参观者带来对光线的遐想。混凝土冷静的色彩配合自然光的介入，让人、空间与自然在建筑中相遇，沉着而静谧，构建出富有当代质感的冥想空间。

（二）空间与审美接受

空间对审美接受的影响作用巨大。博物馆空间的发展与演进早已借鉴了传统的教学型空间共营式的布局。空间的聚合与离散支撑着展陈的节奏，在一定程度上影响着观展人群的情绪。不同主题的展厅之间既要有形式上的关联，也要展现出不同内容对环境的特定需求。过多的互套和层叠反而会给参观者带来方位上的困惑，因此在博物馆空间中公共空间的节点作用不可或缺，它是博物馆动线的开合之处、呼吸之所，可以给参观者带来方向上的引导和停留交谈的空间。博物馆的公共空间往往与博物馆的定位、文化息息相关，它可以围绕穹顶下的一组群雕展开，也可以是一处由建筑外立面围合的内庭院。

对空间的感知可以通过不同的介质进行表现，因此空间也会影响人们对信息的传播与接收。现代传媒的快速发展为公共空间注入了多种生成可能，博物馆建筑作为城市空间的重要组成部分也在这一背景下融入了多元的展陈方案。

（三）观展动线对空间感知的影响

现代建筑思潮对博物馆空间的发展和影响颇深。现代博物馆建筑的内部空间往往以矩形或体块感较强的线性空间为主。虽然经过空间规划及展陈需要形成了互套空间或子母空间，并在高差及观察视角上丰富了观展人群的体验，但是过于方直的空间感受仍会给人带来单调乏味的观展体验。1959 年，由美国建筑师弗兰克·劳埃德·赖特操刀设计的所罗门·R. 古根海姆博物馆，一开放便受到世人的瞩目。博物馆馆长希拉·贝雷相信只有赖特的"有机完美主义"才能实现其对"精神殿堂"的构想。于是在摩天大楼丛立的纽约，一抹白色的螺旋线给人们带来了惊喜，以矩形天际线为背景的海螺型建筑成为当时当之无愧的城市地标。艺术爱好者与游客们蜂拥而至，纷纷到古根海姆博物馆参观。建筑内部螺旋盘升的动线设计打破了传统博物馆横平竖直的空间界面，带给观展人群前所未有的空间体验。人们沿着斜线型博物馆空间沉浸在艺术品与空间带来的氛围中，或驻足停留，或盘旋前行，构成一幅动人的画面。自然光从建筑的顶部倾泻而下，将光与影随时空、季节的变化在纯白色的展陈空间中演绎到极致。

肆

现代博物馆空间美育的信息化转变

　　虚实结合、实时交互成为博物馆虚拟空间的重要特征。在信息自由的语境中，积极的交流使人与虚拟空间的关系有了更多种可能。在现实世界中，博物馆由墙体围合的实体空间不可轻易改变，而虚拟空间使人们的空间经验与博物馆传达的信息进行多维度的整合，可以让参观者在本体空间的基础上，感受未来空间发展与利用的多种可能。这为博物馆的美育创造开启了新的方向，同时也让更多人有机会接触博物馆、了解博物馆和热爱博物馆。

　　博物馆空间组织和移动路线规划会对参观者的感受产生很大影响。空间功能的组织与划分会让参观者对博物馆的主题单元和知识获取有清晰的判断和全面的感知，而动线行为的轻重缓急及心理暗示则极大地影响着参观者的观展情绪，二者对博物馆给人的空间感受起到了重要的传达与引导作用。以柏林犹太人博物馆为例，当人们靠近由"二战"时的枪支金属部分熔铸成的扭曲人脸状马蹄铁时，仿佛在倾听"二战"时遇害者无辜的哭诉；而岔路口的死亡与重生两种选择又仿佛映射着二元对立的万事万物。历史讲述着一个充满悲情的故事，向人们传达的是一种令人震撼的真实，直击心灵，引人深思。因此，博物馆空间环境对民众教育及价值观的影响研究是在实践基础上由理论走向深入的应有之义。

（一）信息技术的更新

博物馆作为公共空间，其美育意义不仅在于视觉形式下的潜在内涵，更在于在美育影响下对民众审美和心理上的反馈。空间环境对参观者的心理产生了一定作用，影响着他的经验和意识，使他获得审美愉悦，从而产生创造。博物馆兼容并蓄的职能属性和空间特征使新思想、新创意的产生成为可能。

博物馆的社会功能主要有功能性和场所性两方面的特质。博物馆的公众性与开放性使人与空间相关联，但个体与群体对环境的诉求不同，要求博物馆在空间营造上需进行多方考虑。目前我国的博物馆绝大多数的空间功能是展陈，专用的研究与教育空间占比较少。这说明目前我国博物馆的传播形态依然以展览式为主体，大规模的公共教育活动还没有被完全开发出来。随着时代的进步及信息化技术手段的成熟，传统博物馆的美育输出方式也在发生着变化，包括声音、影像、交互等多维度传达的数字博物馆逐渐走入人们的视野。2019年11月1日，在清华大学艺术博物馆举行的"美育人生——吴冠中百年诞辰艺术展"中，吴老先生的生平履历清晰地呈现在整面墙上，观展动线重合着时间的轨迹，使人们能够直观地了解艺术家吴冠中的艺术人生；大幅的绘画作品配合语音解读，这是书本上对艺术的介绍无法比拟的。

（二）交流与互动

随着人机交互、认知模型、虚拟现实技术等信息化技术手段的成熟，人们在接受博物馆教育的维度上不再局限于审美与欣赏，信息接收与反馈呈现出实时、自由的特性。因此，当代博物馆从空间审美、文化传播的角度对博物馆内部空间构架提出了复合性的要求，使博物馆空间更加适合当下民众在数字传媒上的展示与沟通。

互动艺术（Interactive Art）已成为当前公共空间的基本属性。以互动艺术为代表的现代艺术不仅对传统的鉴赏习惯发起挑战，而且改变了人们解释艺术的方式和习惯，以新的方式拓展到更广阔的境地。艺术与环境相互关联，事实上是相互融合，然后被宣布出来。伴随着艺术的发展、感官体验的更新，审美介入（Aesthetic Engagement）使人们对审美理解有了新的思路。人们通过打造环境去引领人、改变人，在"尊重"的空间中育人，在交流的空间中影响人。"美"在空间形式要素中的基础问题，关系到如何使空间内涵更为丰富和厚重，这是一个值得深入研究的课题。

近年来，全球各大城市超过 70 场限定巡展的《再见梵高－光影体验展》已经走过巴黎、伦敦、纽约、上海、台北等多个城市，每到一处都会引起当地群众的热烈反响。巨大的 LED 幕墙配合地面互动式全息投影，让人置身于传奇画家梵高的画作里。展览中使用多台投影仪和边缘融合技术，使 180°—360° 无缝拼接，让观展者无论从任何角度观看，都有全方位沉浸式交互体验的视觉效果。当梵高最知名的画作《星夜》出现时，巨幕中闪烁的点点繁星、靛蓝星夜里如墨色般的深蓝缓缓流泻而出，激起人们心中对艺术的向往。大尺度的空间，再加上李斯特和舒伯特等知名曲目背景音乐的助力，更是让人们全身心地沉浸在由大师构建的氛围中无法自拔。展览中创新性使用的 2D 和 3D 技术的时时变化，甚至香氛气味的介入，以及在观展结束后以投影绘画的方式为小朋友打造的儿童绘画区，都让观展者体会到策展人的用心。技术的介入让博物馆的空间体验变得比以往更具人文气息。时代的发展影响着空间美育的传达。

（三）美育主体的影响

现当代博物馆的发展存在着从科学主义与人本主义的分野到人本感性的回归两个阶段。现代性对形式和空间的追求受人本主义的影响。在人本感性的引领下，人们对空间建造技艺的创新和人本的感性理解更加重视。所以，博物馆公共教育对人们的影响责无旁贷。"美观"这一有关建筑与空间的核心概念再一次演化发展，人们在充满个性、画境的空间中探寻生命的起源或定义未来的世界。因此，博物馆美育不应被局限在既有的自我封闭的展陈体系中，而应该在更加广阔的领域探寻价值，并与空间的参与者产生更深层的情感上的共鸣。

随着现代社会的进步，博物馆的展陈空间应更多地重视主题思维的表达。作为审美主体，人的能动性越来越被重视。视觉文化与消费文化的引领，使人们更加重视直观的感官体验，新的空间形式的呈现带给人的审美感受也越来越直接。现代博物馆是开放性的文化交流空间，强调观展人群的主动参与和理解，传递着一种自由、个性化的审美态度和审美方法。科学的进步使这种变化成为可能，空间概念将带给人们更多启发、更新的视觉体验。

（四）创造兼容并蓄的学术交流平台

博物馆的空间表达是基于人（策展者）和人（观展者）的关系建立起来的，不仅仅是一个抽象的概念，其空间形态与行为动线会具体地体现在人与人、人与群体、群体与群体的关系中，并反映于人的具体行为之中。人类活动的公共空间便是一种最直接和有效的和社会对话的方式。自 20 世纪 80 年代以来，环境艺术一方面利用这种形式探讨社会问题的解决方式，一方面通过环境和社会空间的具体联系来表达自己的主张和见解。这些艺术发生在具体的社会空间之中，把社会性话题通过空间场所中的环境因素突显出来，构成一个对话的语境。社会化是个体学会以社会允许的方式行动，从一个生物个体转化成一个社会成员的过程。自先秦时代，儒家、道家思想就已经在影响中国的社会美学发展了。在《判断力批判》中，德国古典哲学创始人康德认为，鉴赏是通过不带任何利害的愉悦或不愉悦而对一个对象或一个表象方式做评判的能力，一个这样的愉悦的对象就叫作美。也就是说，审美是无利害的，但审美追求本身是一种功利行为，美学本身就是带有目的性并且矛盾的集合。美国哲学家、心理学家和教育家约翰·杜威在《艺术即经验》中强调，当今美学的任务在于恢复艺术与人类经验之间的关系。美学的社会化正是通过交流，让艺术变成了无可比拟的指导工具。

伍

美育认知与传播

　　随着时代的进步及信息化的发展，传统的博物馆展览方式已不再适应大众对知识的获取习惯与模式。人们不再需要为了了解某个或者某类单一的展品而跨越国家或者某城市去进行调研、获取资料。信息技术的发展让知识的获取更加便捷，也促使传统静态的展陈空间发生了变革，向博物馆的展览内容和方式提出了适合时代发展的创新性思考。沉浸式观展体验成为策展主线，空间的形式语言强化了观展者对相关内容的理解。空间情境的构建、全息影像及数字化的介入使展陈空间的发展出现了跨越式变化，开阔了民众的视野，带给人们全然不同的感受。

（一）信息技术的更新

在信息咨询、影音、虚拟现实高度发展的今天，空间仍然会最真切地进入人们最直观的感受中。人们乐于去博物馆感受空间带给人的魅力，正是因为它是独特的，是基于一定功能的创造。所以身在其中的民众对空间的感知、对场所的记忆，无疑加深了对博物馆的依赖。人们对于知识的获得过程是多重的、多角度的，其中任何一个环节的融入都会加深理解；相应地，任何一个环节的失败也会导致人们对知识的接受程度打折。设计师根据展馆的需求规划场馆的使用，进行空间形式上的表达和意向的导入。2020 年迪拜世博会教廷馆便跨越了地理的限制，将梵蒂冈的建筑艺术与绘画在阿拉伯世界进行了一场美学、科学与信仰的跨文化、跨宗教的相遇。在展馆的中心位置，通过高科技摄影捕捉及对米开朗基罗绘画技法及颜色的深入研究，配合调光系统，将著名画作《创世纪》展现在世人面前。通过对原有建筑规划的表现，将展馆的空间构成抽象成眼睛形状，经过精确的计算，对步入展馆内部的观展者进行声音上的同步介入，配合青铜材料及灯光的交错，周而复始地构建出流动又极具震撼性的展示舞台。当人们置身于博物馆的空间中，是有一定背景介入的，它不是单纯的自然的空间，而是基于前期诸多因素的。这种语境不仅来自项目的投资者、场馆的使用者，也来自建筑的设计者、空间的体验者。空间的规划设计像一幕电影般从动线入手，带动人们的情绪，随着人们在空间中游走及时间的推移，人们会越发感受到设计者对空间的注入，以及要传达给人们的关于环境和思想上的表述。这种表述正如电影镜头的滤镜，通过诸多的设计方法与技术手段去加深空间参与者对场馆的记忆。这种带入感是真实的、无法取代的。信息化的介入使固定的展陈空间模式发生改变。迪拜世博会教廷馆就是在不同的城市、不同的环境将宗教的博爱与和平传达给在场的每一位观众。

所以，空间会在其参与者中产生极大的效能，这种效能可以是积极的，也可以是消极的。信息技术在空间中的应用在一定程度上强化了展览的主体与内涵，二者是对展览主题的诠释，使观众更加深刻地理解展览的内容，带给人们启发与感悟。博物馆空间的表达是需要传达出正向的、正能量的语境，这种语境汇聚在一起构成了美育的传达。

（二）参与模式的优化

共享生活方式的提出为博物馆的展陈概念开辟了新的思路。共享理念的提出，让人与物的关系，从附属于某一特定的个人或团体，逐渐演变为一种"无界"的状态，使得人们开始重新审视和利用身边的资源。特定的事物其功能可以通过资源共享的方式实现优化与泛化。

"公共"和"私密"是一对意义相反的词汇。每个人都需要自己的空间，强调隐私与专属。但即便是个体被高度赋予权利的今天，人们仍然愿意去人群相对集中的开放空间活动，参与群体活动，在集体中拥有归属感。博物馆的空间参与模式可以分为观展与服务两条动线。观展人群的空间参与方式因动机与愿望不同可分为休闲型与学习型两大类。信息的引导要观照两类人群在空间中的兴趣点，并为审美体验式的观展和知识获取式的学习提供相应的空间条件。分众教育细分了观展群体，使人们置身于博物馆的学习和交流都得到了满足。人的社会属性导致人们不能脱离社会而独立。正因如此，博物馆作为公共空间的继承者传达出一种理解与尊重，在空间的规划与互动环节，它既要满足各方的独立诉求，又要以欢迎的姿态迎接每位来访者对知识的探索。

一座好的博物馆应当是教育与公众的桥梁，展览空间对展品和人的活动行为应起到良好的沟通作用，应构建展品与人交流的语境。空间环境会对观展者的观展活动进行积极的引导，影响观展者的行为意识。同时，观展者的行为，如观赏、学习、聆听，又构成了博物馆的人本内核，成为博物馆空间文化的一部分。因此，空间环境意象的创造是博物馆展陈与观展者互动的重要模式之一。观展者和被观展者之间双向作用，构成了博物馆的空间气氛，即观展者所见的外在形态在其行为中予以反馈，反过来影响观展者的所见。良好的博物馆环境，一方面可以有效地保护藏品，真实地展现其文化价值；另一方面也是对参观者的尊重。

（三）美育效果的提升

教育是博物馆的灵魂。美育的引导功能在博物馆建成之日便成为培养公民意志、提高其文化素养的重要方式。地理环境和自然条件对人们的生活方式以及空间构建有着重要影响。城市公共空间作为人们交流与分享的重要场所，在人文环境的影响下反馈于公众的精神归属与文化气质。不同于传统的教育引导、言语上的示范，空间美育的构建有其独特的输出方式。这种输出是多维的，因此带给人们的感悟更全面。正如雕塑不同于绘画，它是三维形体的展现，给人的感觉更加全面而真实。博物馆空间对人的影响不限于停滞，更从时间的维度去影响观展者。我们从一座博物馆的外部可以感受这座建筑的雄伟，步入内部又能体会到空间的别致。这种由外而内，或是由动线的变化带来的体验是随着时间的介入而产生反应的。开放与封闭、簇群与群集、节点与路径是场域精神带来的引导，给予人们审美上的收获。因此，这种体验必将不同于普通的视听，空间带给人的影响更加全面而真实。空间美育在这一过程中产生并不断深化，直击观者的内心。

有人说博物馆是人类历史物化下来的沉淀，那它必定不同于常规的空间，是艺术的凝结。步入一座博物馆，人们不仅能感受到文化上的积累、知识上的给予，更会产生一种荣誉感，一种尊重和归属。空间的创造过程是多样化与多元文化共同塑造的过程，需要全面考虑，使各关键要素相互协调，才能创造出积极与和谐的空间。在新时代背景下，博物馆空间美育的独特性也在发生变化。"互联网＋"开启了博物馆美育的另一扇大门，文化的复兴与繁荣为博物馆建筑空间注入了新的力量。相信未来会有更多人走进博物馆，感受建筑为人带来的触动与启迪。

国际博物馆界将 20 世纪 80 年代以来博物馆展览的变化用"从物到事"四个字来概括。博物馆是一种借助视觉形象进行传播的文化机构。博物馆展陈空间中的空间体量、主题形式、风格色彩、流线关系、灯光强弱，包括空气的温湿度等都在一定程度上影响着展陈内容的信息传播。现代博物馆的空间构成往往根据其建筑规模、功能定位的不同划分出多种展厅组合的形式。这些大小不一的展厅动线的串联或以时间为线索，或根据展示内容的不同进行特定空间场域的划分。而空间场域的情景再现，无疑是将观展者带入时代或者场所氛围的重要手段。空间场域的整合与设计是博物馆讲述藏品故事的特有方式，也是增进与观展者交流的重要方式。借助空间场所的人为再现，观展者可以更加深刻地理解展品背景的内涵，更加全面地体会场域带来的震撼，更加直观地了解特定时期的历史事件，加深记忆，从而使整体展陈内容的叙述更加完整。

经过多年发展，中国当代美学与艺术研究最具代表性的物化表象便是城市扩张下的建筑建设与公共空间建造。博物馆空间作为历史文化的重要写照具有公共性，真实而准确地传达出国家外化的气质，兼容并蓄地给予观众知识与灵感的传承与收获。"环境美学"和"当代艺术"已成为当下社会的热议话题，如何使博物馆空间与观众进行交流、放大美学的社会化效应，是当代博物馆建设与发展中亟待解决的问题。博物馆空间美育更是民众文化交流与构建民族文化基底的重要组成部分。

　　近年来，《我在故宫修文物》《国家宝藏》等一系列讲述中国历史文化与美学积淀的节目走红，在很大限度上唤起了民众对历史与美的尊重与热爱。在城市的中心、交通的节点、身边的社区……人们走进博物馆去了解属于这个地区的"科技之美""历史之美""建筑之美""艺术之美"。人们希望用知识充实自身的生活，了解所处时代所具有的厚重的历史故事，感受艺术带来的触动与震撼。博物馆作为为公共文化服务的核心空间，在提高公众的艺术鉴赏力、培养公众的艺术情趣等方面起着不可或缺的重要作用。

　　下面笔者将对世界上 11 座极具代表性的博物馆进行全面而深入的分析，希望为对博物馆感兴趣的人们带来一场文化感知与空间美育之旅，以此鼓励人们更多地走进身边的博物馆。

下篇

案例篇

陆

洛杉矶盖蒂艺术中心
The Getty Center of Los Angeles

　　在圣莫尼卡山脉海拔 881 英尺高的山崖处矗立着一群奇特的建筑，这就是闻名遐迩的洛杉矶盖蒂中心。盖蒂中心总用地面积达 44.5 公顷，包括一座非常现代化的美术博物馆、一所艺术研究中心和一座漂亮的花园。盖蒂中心的盖蒂博物馆成立于 1954 年，经过几十年的发展，如今的盖蒂中心已经成为洛杉矶市继环球影城和迪斯尼乐园之后的又一重要标志性人文景点。

　　有的人是被盖蒂中心馆内精美的艺术品所吸引，有的人不远万里来到盖蒂中心就是为了一睹传世的画作，还有的人是为了登高远望漫山的风景而来，但这些都不是让盖蒂中心闻名遐迩的唯一原因。置身于盖蒂中心，感受盖蒂中心的建筑之美，你会发现这是最吸引人的建筑艺术。

盖蒂中心这一庞大体量的公共建筑群，吸引了无数设计事务所的目光。在经过国际招标，打败贝聿铭[①]、文丘里[②]等6位建筑师后，1984年理查德·迈耶被正式选中开始设计盖蒂中心。经过14年建造施工，这个被美国舆论誉为"世纪工程"的项目终于在1997年落成揭幕。将其称为"世纪工程"，是因为从基地选择至完工开放花了14年3个月时间，工程总建筑面积9.3万平方米，总投资10亿美元，耗费石材29.5万块和镀膜铝板4万块，备受美国民众瞩目。

× 图6-1　盖蒂艺术中心

---

① 贝聿铭（1917—2019），出生于广东广州，原籍浙江兰溪，祖籍江苏苏州，美国国籍。土木专家、建筑师，美国艺术与科学院院士，中国工程院外籍院士，生前是Pei Partnership Architects建筑顾问。

② 罗伯特·文丘里（1925—2018），美国费城人，建筑师。毕业于普林斯顿大学建筑学院，1950年获硕士学位，1954—1956年在罗马的美国艺术学院学习，后曾在O.斯托诺洛夫、E.沙里宁、L.卡恩（路易斯·康）等人的事务所任职。

迈耶得知项目招标后曾多次亲自踏勘现场并写了一封长达 4 页的信来阐述自己的设计理念，以此孕育一座功能多样、内容综合、形态优美的当代艺术中心即将在山顶绽放的种子。盖蒂中心从环境设计、功能布局、空间创造、形态结构等多方面呈现了一个富有创意和拥有高超美学价值的建筑群，让参观者在观赏美轮美奂的文物和艺术品的同时，也被建筑本身散发出的独特气质所打动。

盖蒂中心由美国石油大亨保罗·盖蒂① 捐款兴建，是一个私人艺术博物馆。保罗·盖蒂因石油致富，23 岁即成为百万富翁，随后培养出出类拔萃的文艺鉴赏力及收集艺术品的雅好。1968 年他选定马里布太平洋海岸公路边的山上作为馆址，展出世界著名绘画大师梵高、安格尔、拉维尔德，以及 14 世纪早期至 19 世纪末期法国、荷兰、意大利等油画大师的真迹。他通过收集、展览、保护高质量的艺术作品来寻求更广泛的视觉艺术，进而创新。他在洛杉矶有两个展馆，一个位于洛杉矶的盖蒂中心，另一个则在洛杉矶太平洋巴利莎塔的盖蒂别墅。盖蒂中心展示的是从中世纪至现在的西方艺术，展品包括欧洲绘画、雕塑、手抄本装饰画、装饰艺术以及欧洲和美洲照片等，每年约有 130 万名游客光顾，这使其成为美国游览人数最多的博物馆之一。盖蒂中心的建成也吸引了大量不同年龄层次的学生到访，有刚步入校园的小学生，有对艺术稍有了解的中学生，还有一看就是艺术专业的艺术学者。在洛杉矶这座国际性都市，在这样的艺术宝库里，参观一天一定会胜过一个星期的课本教育，盖蒂中心的艺术价值和美育价值是跨时代的进阶性代表。

① 保罗·盖蒂（Paul Getty，1892—1976），石油大亨，20 世纪 60 年代世界首富。

×图 6-2　建筑围合的公共内庭院

　　迈耶对山体特征的探索和对自然景色的发掘的设计灵感来源于意大利台地式别墅，他力求将台地、植物和庭院空间有机结合、相互交融。盖蒂中心分散式的建筑群中，博物馆、艺术与教育所、艺术史与人文研究所、餐饮服务中心以及盖蒂基金会的信息中心和行政办公楼，将整片区域整合为一个集数个功能于一体的大型公共建筑群，空间连接流畅、自然，花园里种植着乡土植物，植物的色彩及形式的变化与建筑融为一体。展厅、连廊和内院相互穿插，花园和平台均留出了更多外部空间，尽管尺度上围合，视野上却尽可能开阔。正如迈耶设想的那样：我能预见这样一幅画——水平的层层空间，连接着不同高度的院落，大大小小的厅堂朝着景观敞开，一系列与场址和展品相关的内部与外部空间，这些组成了一个建筑综合体。

　　盖蒂中心的轴网设置和总体布局，实质上是理查德·迈耶作为早期现代主义拥护者对过去采用正交直角和笛卡尔坐标网状空间的进一步发展，迈耶在批判现代主义排斥历史和忽视新建筑与原有环境文脉的协调的同时，精心将远离市区的盖蒂中心与当地地段文脉联系在一起，并且借鉴历史，将意大利山地别墅的空间营造和雅典卫城建筑材料的使用，与盖蒂中心的建造相联系，与詹克斯在《后现代建筑的语言》①中总结的后现代主义的六种特征——历史主义、直接的复古主义、新地方主义、因地制宜、隐喻和玄学十分相符。

　　盖蒂中心的交通体系与常规建筑群不同，工作人员和参观者须先在一座七层、可容纳1200辆车的大型车库泊车，而后乘坐上山的唯一交通工具气悬浮电车到达山顶。途中，电车行驶得平稳又安全，在悬浮停止后，悬浮的气幕消失，电车落在导轨垫层上达到制动效果。终点站位于盖蒂中心广场，这里是盖蒂中心的核心区域，是道路的汇集点，四通八达，人流由此分向四周的各幢建筑。

×图6-3　白色派现代建筑大师理查德·迈耶

①《后现代建筑的语言》是1977年美国学者詹克斯的建筑学论著。在书中，詹克斯提出并阐释了后现代建筑的概念，并且将这一理论扩展到整个艺术界，在学术界有着深远影响。

　　这座洛杉矶的标志性建筑让理查德·迈耶这位美国著名建筑大师倾注了无数心血与热情。作为现代建筑中白色派的重要代表，盖蒂艺术中心无处不在彰显着迈耶所特有的简洁风格。迈耶对白色的热衷，是从他大学毕业后，在马塞尔·布劳耶等建筑师的指导下继续学习和工作开始的，由于受到勒·柯布西耶的影响，迈耶早期的大部分作品都体现出了勒·柯布西耶的风格，都以白色的形式和简洁的功能主义为主。1963 年，迈耶在纽约组建了自己的工作室，他的独创能力逐渐表现在家具、玻璃器皿、时钟、瓷器、框架以及烛台等方面。工作室经过数年的发展，让迈耶获得了"建筑界五巨头"之一的称号。

　　迈耶设计的产品都颇为简练，既包括居家设计，也包括商用设计。他设计的作品最大的特点是永远有自己的特性，而不是在风格上受别人的影响而迷惑。由于大胆的风格和值得称颂的忠诚，迈耶创造出颇为独特的粗壮风格。为了在展示方面做得更好，他将斜格、正面以及明暗差别强烈的外形等方面和谐地融合在一起。

　　这种强健的设计呈立方体状，似在召唤一种超现实主义的高科技仙境，其中包含着纯洁、宁静的简单结构。建筑的视觉感相当强大，也包括其空间。迈耶注重立体主义构图和光影的变化，强调面的穿插，讲究纯净的建筑空间和体量。在对比例和尺度的理解上，他扩大了尺度和等级的空间特征。迈耶着手的是简单的结构，这种结构将室内外空间和体积完全融合在一起。通过对空间、格局以及光线等方面的控制，迈耶创造出了全新的现代化模式的建筑。

　　迈耶的作品以"顺应自然"理论为基础，表面材料常用白色，以绿色的自然景物衬托，表达建筑本身与周围环境的和谐关系，使人觉得清新脱俗。在建筑内部，他运用垂直空间和天然光线在建筑上的反射来达到富有光影的效果。他以新的观点解释旧的建筑，并重新组合几何空间。

　　盖蒂中心面向洛杉矶市区，远眺太平洋，分别与东南和西南的两个山脊成22.5°夹角，刚好分别与山下公路的转折线平行。迈耶巧妙地利用地形建立了两条轴线，并自然而然地建立起两个方向上的网格系统，两套网格也成22.5°角叠加在一起，从而使得平面设计摆脱单一方向，具有了多重的可能性。

× 图 6-4　从山巅俯瞰洛杉矶城

　　建筑群的所有功能被布置在这两套网格系统上，两个轴线的交点成为整个建筑群的核心区。在轴线 1 的东侧，大礼堂与信息中心、教育中心围合成一个组群，同时也是整个盖蒂中心的门户区。由核心区往南，博物馆由 6 组建筑围合而成，轴线 1 横穿博物馆庭院而过，其端点成为延伸至群体外的观景平台。轴线 2 的起点是整个建筑群的开端，另一头则布置了圆形花园，在花园北侧又呼应式地布置了一个圆形的建筑群——艺术与人文研究中心，其开口刚好朝向圆形花园。艺术与人文研究中心和博物馆的两条连线分别垂直于轴线 1 与轴线 2，体现了设计的逻辑性、关联性和每个元素的独特性。

　　两套网格系统使得建筑拥有了复杂而丰富的空间关系：组群之间的大小广场交相呼应，又通过檐下空间贯穿始终，使得整个建筑群的空间层次体验交替多变，感受丰富；建筑单体之间的咬合、交接、碰撞、穿插、围合、扭转，极大地丰富了形态表现，随着人们在外部空间参观脚步的移动及角度的变化，建筑会展现出不同的具体形态，时刻展现出一个艺术性建筑群丰富多样而又保持统一的性格。

　　这种类似于将数学原理应用于设计中的大胆想法，为后来建筑设计师对功能区域的划分提供了很大启示。这种符号化的区域规划让原本密集复杂的建筑群体中各种功能性建筑有机结合，降低了密度带来的困扰，也让原本边缘的位置更好地发挥出其观赏性和连接性的作用。

　　对于地形问题的困扰，正是这种来自迈耶的设计方式，让建筑体量成块化，建筑不再是一个个独立的个体，也不是"团成一团"的综合体，而是一个个既相互联系又各自独立的建筑群。迈耶用自己的设计灵感解决了地形困扰问题后，对于建筑内部和形式的设计也由此展开。

　　在材质与造型方面，迈耶对盖蒂中心的设计与其以往的设计有所不同，他在往日的白色形式中添加了其他设计语言和元素，这也是建筑单位首先提出的要求。在色彩与建材方面，盖蒂基金会经过协商要求以淡色的石材为外观，而且建筑物的高度不能太高，以防游客窥视，影响当地住户的私密，每天的车流量也不能过多，避免对社区造成污染、破坏安宁等。在这样的要求下，迈耶在选材方面意图给人以永久性的感受，从而解决外部的不安全性，并且大大降低建筑的高度。例如，对于石料的选择，为了表达传统特征，迈耶最终在意大利找到一种含有碳酸钙盐成分的石料，这种粗面的石灰茸接近黄褐色、淡褐色。迈耶表示石材象征着永恒与不朽，石灰茸刻意以粗糙的质感表现，是要让建筑物犹如从地面自然生长出来一般。这种颇具弗兰克·赖特①风格的设计理念，又是一次与环境的呼应，紧跟着美国本土的草原式风格一起兴起。

关于石料的安装方法，迈耶没有采用美国习惯的灌浆做法，而是采用欧洲的干挂方法。色泽好、质地好的石材被用在人们经常看到的地方。盖蒂中心的外墙面大面积采用了白色的金属铝板和来自意大利罗马北部的大理石，金属外墙板的不同形式标示着建筑群中各种建筑的不同性质和功能。

① 弗兰克·劳埃德·赖特（Frank Lloyd Wright，1867—1959），工艺美术运动美国派的主要代表人物，美国艺术文学院成员，美国最伟大的建筑师之一，在世界上享有盛誉。赖特师从"摩天大楼之父"、芝加哥学派（建筑）代表人路易斯·沙利文，后自立门户，成为著名建筑学派田园学派（Prairie School）的代表人物。代表作包括建于宾夕法尼亚州的流水别墅（Fallingwater）和世界顶级学府芝加哥大学内的罗比住宅（Robie House）。

×图6-5 盖蒂艺术中心建筑外部空间关系

　　博物馆部分是重要的公众要素，因此迈耶采用劈裂的大理石覆盖墙面，在山脊上与山体融合及过渡，传达一种永恒和对艺术尊重的情感。主要的建筑均采用来自意大利罗马的大理石，使得整个场地统一连贯起来，而在不太引人注意的地方采用一种拉毛水泥及传统的黏土材料随意装点墙面。研究所、东楼、礼堂、餐厅、咖啡厅、北楼在形式上都是曲线的墙面，采用金属板装修，大面积的开窗采用白色亚光的金属材料，这样在阳光的照射下并不耀眼，还会有透明、无形的感觉。

×图 6-6 建筑内部信息中心问询处

×图 6-7 由室外向室内过渡的"灰空间"

在对博物馆的功能布局与空间特点的设计中，迈耶更注重外部空间的设计，注重前导空间氛围的营造，以充分体现文化艺术的氛围。

步入盖蒂中心博物馆，首先映入眼帘的是由信息中心、报告厅以及餐饮中心围合成的三角形入口区域，通向博物馆的大台阶成为强烈的视觉引导。台阶上方坐落着博物馆，博物馆由6组建筑组成，入口组群最大，包括门厅、书店及小型报告厅。建筑利用两层挑檐营造出轻盈的建筑造型，台阶被设计成横向的三段式，两边是正常尺度的踏步，中间的大台阶是室外雕塑展示区，让人还未进入博物馆，就已经感受到浓厚的艺术氛围。展览由室外就已经开始，与室内互相渗透。台阶结合厚重的片墙引导游客拾级而上，显得博物馆建筑更加轻盈。博物馆建筑群以顺时针游览流线串联在一起，并围合了一个庭院。

建筑形态布局注重层次性，形体之间上下错位布置，进退凹凸有致。值得注意的是，这6个组群之间的平面形式由方形、矩形、弧形、圆形按照既定的两套网格体系互相咬合、交接，庭院的边界便由这些凹凸的形体来定义，使得平面的图底关系丰富多彩。同时，如之前所分析的垂直于轴线2的博物馆与咖啡厅的连线成为定义庭院的一个主轴，迈耶用圆形水池布置，既使得庭院在一堆方形体块中轻而易举地成为视觉中心，也巧妙地暗示了轴线交点的位置。

对细节的把控让迈耶更注重空间节点的设计。迈耶把参观流线设计成一条可以让游客自由进出室内外的观赏路径，加之建筑丰富多彩的形体变化和立面处理，使游人获得步移景异的奇妙体验。两条轴线系统的设计使得建筑空间的体验不再停留在单一维度，尤其是在两套网格交接的部位，人们的空间感受有了更多渗透性和选择性。建筑立面也不再是单纯的二维朝向，而是具有了多重方向上的扭转和叠加。

×图6-8　古典时期艺术品展厅

×图6-9　现代主义风格展厅

×图6-10 建筑内部楼梯通道

连接美术馆的步道以玻璃廊向外延伸的方式，可使人产生空间过渡和空间不断推进的感觉。这种步移景异的空间让参观博物馆成为一种旅行。博物馆中每个展厅单元都设有宽敞甚至裸露的公共空间，可通往各个展室。美术馆平面吸收现代美术中错叠和扭转的手法，使三维的空间产生了不同程度的视觉错位，墙体、棚顶、地面、立柱结合起来，构成了一个丰富的具有多元视觉效果的叠层空间。

×图 6-11　建筑入口及外部空间关系

　　早年的工作经历让迈耶对室内的设计更加热衷于突出其功能性。为了更好地展示馆内陈设的艺术品，迈耶利用展馆的采光将空间逐层划分：博物馆上层以绘画作品展览为主，这样可以获得更多的自然光线，使人可以更好地欣赏画作；装饰品、手稿、相片等展品被安排在下层，这样可以让这些展品避免过多地接触紫外线的照射，有利于展品的保存，可谓一举两得。在展厅的设计中，迈耶针对不同用途的展厅独具匠心地采取了不同的采光策略。南向展厅采用"人"字形天窗，使得展厅在冬天能最大限度地接收到自然光线，夏天能避免强烈的太阳光的直射；大展厅采用更加直接的遮阳措施避免夏季太阳的直射；小展厅利用漫反射原理避免强烈的阳光影响人们对展品的欣赏。整个博物馆的光线处理为人称道，除了下层展室因陈设特殊艺术品需要采用多次反射的自然光和人为射灯光源外，其他各部分都直接沐浴暴露在洛杉矶的阳光下。这样对光线把控的成就还要归功于在博物馆建立之初，为了获得展室光线效果和空间构筑的预想，迈耶特地在地上搭建了一个标准单元的展厅模型，对光影进行模拟，由此才达到了后来的效果。

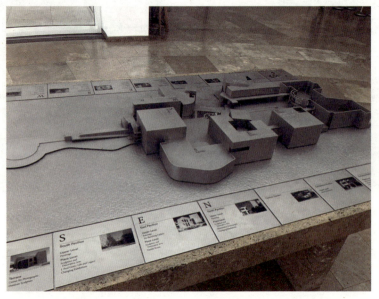

×图6-12　原建筑模型

在迈耶的设计中，所有的结构组织都是外向延伸向外结合，借助天窗和玻璃走廊的透明采光空间，利用自然光线，使得人们无论从何种角度，都能看到外面，看到花园。

走入盖蒂中心花园，能看到迈耶精心打造的人文景观。建筑群外部的空间大量运用框景手法且考虑了移动中变化的景观，把周围的环境——大海、高速公路、山脉和洛杉矶城引入眼底。这种对自然风景的利用仿佛以点对面，每一个角度都仿佛一个镜头，给人以不同的美感，让人产生无尽的遐想。盖蒂艺术中心的花园秉承了加州花园的传统，采用传统与创新相结合的造园做法，展示了大量本土植物和异域植物。而像屋顶花园和枝条编织这样的景观则体现了功能性与娱乐性、人工技艺与自然材料、当代工艺与古代传统相结合的造园特点。

×图6-13　白色石材构成的艺术中心外部空间

作为花园，它不仅展示出技术层面上的丰富特点，而且在叙事层面发挥着积极作用。这种以景叙事的方法极大提高了博物馆美育的作用。有时候，园艺中某一物种会被赋予一个特殊含义，例如：荫护着人文园的橄榄树是智慧女神雅典娜的象征；意大利松则通过其突出的形体将盖蒂中心这一新西方艺术中心与罗马联系了起来，成为这一艺术中心创作灵感的来源。有时候，园艺还会被赋予一个更大层面的想法，例如，农业景观是西方世界众多园林艺术的源泉。

在这里，这个想法体现在树木规整的种植结构，以及芳香植物和食用植物的线性排列上，而这种模式恰巧是地中海农业景观的特点。这样的设计方式使得建筑本身更富有人情味，拉近了参观者与建筑之间的情感，直观的单一的人与藏品的距离逐渐被淡化。随着这种界限感的消除，空间环境也随着这种叙事般的形式表达向前推进，给参观者带来更深层次的介入性直观体验。这种体验所赋予的美育作用往往是书本所不能代替的，这种让人对美产生的向往，一旦激发便会在人们心中留下一个如同照片般的烙印。

× 图6-14　通向山顶艺术中心的气悬浮电车

× 图 6-15　建筑围合空间的取景关系

迈耶对博物馆建筑的细节设计也颇具特色，所有的细节设计都统一在迈耶的一种风格——简约、纯净之下。入口既有个性又有共性，与建筑体量及整体风格统一，几乎都是简洁的白色铝板雨搭，与每个单体建筑的风格、性质相协调。建筑内外的楼梯也是简洁的风格，统一采用细横条的栏杆、几何形分割的玻璃窗框，与建筑的内部造型相得益彰。

这种来自美式感官的细节把控虽与谷口吉生的日式细节处理不同，但各有千秋，都是人类文明多元化的必然结果。正是这种多彩的建筑思路造就了无数富有民族特色的博物馆建筑。

理查德·迈耶的盖蒂艺术中心建筑群是一件难得的建筑艺术作品，在美丽繁华的都市背后，公共建筑群体在默默注视着逐渐庞大高耸的城市体量，正如在盖蒂艺术中心的观景台一样，鸟瞰着洛杉矶的全景。

柒

旧金山 MOMA 博物馆

San Francisco Museum of Modern Art

旧金山 MOMA 博物馆又称旧金山现代艺术博物馆，建于 1935 年，旧址在市政中心的退伍军人大楼内，是美国西岸第一座专门收藏现代艺术品的博物馆。1995 年因城市发展改造和展馆扩建原因，博物馆搬到苏玛区并建立新馆，新馆是由瑞士著名建筑师马里奥·博塔（Mario Botta）设计的现代化建筑。这座在湾区沉寂已久的博物馆因这次翻新而名噪一时，其最突出的特点是建筑整体拥有一个高 38 公尺的圆柱形斑马纹大天窗，从室外看去显得极为震撼。而在室内，光线可直接由楼顶照射到底楼，将天然光利用到了极致，这不禁令人联想到西方著名文学大师托尔金[①]笔下《魔戒》中对宫殿的描述"那宛如神话中千石窟和

[①] 约翰·罗纳德·瑞尔·托尔金（John Ronald Reuel Tolkien, 1892—1973），英国作家、诗人、语言学家及大学教授，以创作经典严肃奇幻作品《霍比特人》《魔戒》与《精灵宝钻》而闻名于世。

墨瑞亚的宏伟壮丽和地心深处折射的天光倒影"。它标新立异的外形，不但彰显了旧金山的艺术精神，也成为全世界摄影师追逐的焦点，每年都有无数艺术爱好者来到此处摄影参观，让这座现代艺术博物馆体现出地标性的价值。

× 图 7-1　MOMA 旧金山艺术博物馆旧馆

　　现代艺术博物馆落脚的城市是美国最富庶的加州旧金山，对于这样一座经济中心城市，其公共建筑的更新及发展也具有很快的时效性，所以仅仅 15 年后，快速增加的收藏就促使博物馆进行扩建。为了容纳更多藏品和保持原建筑地标性的价值，旧金山市政府最终选择采用挪威建筑事务所 Snøhetta 的设计方案对馆体进行改建，而后事务所在 2010 年开始着手为扩建工程做出设计。扩建工程从 2013 年开始，至 2016 年 5 月 14 日完工开放。历时三年的精心打磨，让这座现代艺术博物馆又一次跳入民众的视野，当新的建筑屹立在旧金山苏玛区时，无数游客驻足，惊叹这座宏伟建筑所带来的力量感。此次共扩建 170000 平方英尺，将近一倍的扩建，让新博物馆比原建筑多了将近三倍的展厅，同时新建和翻修了为展览而量身定做的室内外展厅，使旧金山现代艺术博物馆可以展出更多杰出的当代艺术作品。

旧金山现代艺术博物馆是马里奥·博塔最早设计的博物馆建筑，也是他在美国的第一个作品，他为此耗费了无数的心血。远望，整个博物馆的外立面都铺有红褐色调的面砖，让这座建筑颇具力量感，给人一种威严端庄的感觉。在建筑中心，有一个巨大圆形天窗和向下延伸的圆塔，从中间对称衔接处折断的缝隙，像是把建筑物中央的圆柱体斜着切开一样，自然光线就从这里倾泻进入室内。为了突出这一区域的辨识度，博塔仅在该圆柱体部分采用黑白相间的斑马条纹，强调这一区域的核心地位，与红砖立面产生差异。完全对称的正立面洋溢着在古典建筑中才能见到的那种沉稳情调，从正面欣赏，宛如电影《布达佩斯大饭店》中的镜头一样饱满。博物馆所处的地块三面被高层建筑包围，使得博物馆在周围一群灰白色的物体中显得尤为突出。这种以红砖为立面，将红砖与圆柱结合的建筑形式，让周围的建筑更像是整张画布上的陪衬和背景，每年都吸引无数摄影爱好者来此取景。

在经历了 15 年的发展后，更多社会性需求让原本完美的博物馆不得不进行扩建。扩建部分标志性的东立面灵感来源于常年环绕旧金山湾的水和雾，该立面由 700 块形状各异、当地制造的玻璃纤维聚合面板组成。这种聚合板材质轻盈，颇具科技感，在波纹立面嵌入产自蒙特雷县的硅酸盐水晶，可以捕捉和反射不断变化的太阳光线，从而产生自然起伏的效果。如同山峦起伏的立面在阳光下灵动，让建筑整体仿佛有了生命一般。这是建筑材质应用的科技性飞跃。

× 图 7-2　MOMA 旧金山博物馆

　　扩建工程历时三年，让新楼与城市连接得更紧密。东面的新墙体使建筑拥有了灵动感；新材质的运用让博物馆仿佛一艘巨轮，荡漾在一片灰色的建筑中，呈现出好客的姿态；完全敞开的入口迎接着来参观的人，仿佛在对每一位游客说"欢迎"二字。步入地面层的公共入口，便可直接到达将近 45000 平方英尺的展厅，这让博物馆更显开放和通达。

　　博物馆自扩建之后，面对 18 岁及以下的游客永久免费，树立了一个公共建筑更深层的担当与形象。博物馆作为育人治学的文旅类公共建筑，对青少年应给予更大程度上的开放，从而避免博物而闭闻的理念，承担起美育的作用。

　　旧金山现代艺术博物馆是当今最重要的现代艺术博物馆之一，馆藏量超过33000件，包括建筑、设计、媒体艺术、绘画、摄影、雕塑和私人收藏品等。其中，有20世纪具有代表性的西方艺术家的作品，如野兽派的法国画家马蒂斯[①]、波普艺术的美国画家安迪·沃霍尔[②]，另外还收藏如名画家理查德·迪本科恩[③]等加州本地杰出画家的画作。这些珍贵且繁多的藏品，让无数游客将博物馆亲切地称为"国家的宝库"。

[①]　亨利·马蒂斯（Henri Matisse, 1869—1954），法国著名画家、雕塑家、版画家，野兽派创始人和主要代表人物，代表作有《奢华、宁静与愉快》《生活的欢乐》《开着的窗户》《戴帽的妇人》等。

[②]　安迪·沃霍尔（Andy Warhol, 1928—1987），美国艺术家、印刷家、摄影师、电影导演，被誉为20世纪艺术界最有名的人物之一，是波普艺术的倡导者和领袖，也是对波普艺术影响最大的艺术家。他大胆尝试凸版印刷、橡皮或木料拓印、金箔技术、照片投影等各种复制技法。

[③]　理查德·迪本科恩（小克利福特）（Richard Diebenkorn, 1922—1993），美国画家。他以抽象画及以大片发光色块和宽阔质感笔触为标志的再现性绘画成名。

× 图 7-3　博物馆对面街道水景

现代艺术博物馆能够获得如此成就，离不开建筑师马里奥·博塔的设计与付出。1943 年，马里奥·博塔出生在瑞士门德里西奥，在那个战火纷飞的年代，残破的欧洲大地让博塔对建设充满兴趣，15 岁时他从中学辍学，开始从事建筑设计工作，并立志发展和革新建筑的形式。他在卢加诺进行建筑设计等方面的学习，1964 年秋开始在威尼斯建筑大学学习。1969 年，他遇到了几位在建筑行业有重大影响的著名设计师，如路易斯·康①、卡洛·斯卡帕②等，这些建筑大师对博塔的设计理念产生了很大影响。同年，博塔结束了学业并在瑞士卢加诺创建了自己的建筑工作室。

× 图 7-4　现代主义建筑大师马里奥·博塔

① 路易斯·康（Louis Isadore Kahn, 1901—1974），美国现代建筑师。1901 年出生于爱沙尼亚的萨拉马岛，1905 年随父母移居美国费城，1924 年毕业于费城宾夕法尼亚大学，后进入费城 J. 莫利特事务所工作。1928 年赴欧洲考察，1935 年在费城创业。1941—1944 年先后与 G. 豪和斯托诺夫合作从事建筑设计，1947—1957 年任耶鲁大学教授，设计了该校的美术馆。1957 年后又在费城开业，兼任宾夕法尼亚州立大学教授。

② 卡洛·斯卡帕（Carlo Scarpa, 1906—1978），意大利建筑师，出生于威尼斯，早年就读于威尼斯美术学院，毕业后进入威尼斯建筑大学从事教学及建筑设计活动。在几十年的建筑生涯中，参与了许多历史建筑的修复和改造，以及一些较小规模的设计项目。

在马里奥·博塔的人生中，对他影响最大的是对光影情有独钟的路易斯·康。在路易斯·康的影响下，几何线条、中心对称、自然光线逐渐成为马里奥·博塔的代表特点，也成为他日后设计中必不可少的设计语言。

几何线条——作为博塔建筑特征的线条，通常被作为勾勒外轮廓和建筑风格外形的边框，具有让建筑产生凝聚力从而更容易被人记住的效果。在博塔作品中频频出现的窄缝，被认为是源自水滴的几何学设计。

中心对称——"我的设计中的对称特征更是极为适合光线的射入。"博塔的住宅以及公共建筑作品全部在屋顶的中央对称布置天窗，用于自然光的采集和利用。在他的作品中，建筑多在平面结构的中心部位放置主要空间，以突出建筑的重心所在，同时做多种变化形式的窄缝，充分预示了博塔对对称形式的向往，和那种如同折痕一样的中心对称式的设计。

自然光线——博塔强调自然采光与内部空间的结合。"对于建筑来说，离开光线也就不存在空间，正是光线创造了空间。"在室外，他通过材质对光进行反射；而在室内，他多用天窗采光，令建筑物的每一个角落都凝固成诗一般的景色，构成令人震撼的视觉感受。

博塔在多年对建筑的执着热情中，深入研究了众多建筑风格，他的建筑多以古典风格作为参考，如爱奥尼亚风格及科林斯风格[①]等古老的建筑风格。随着

---

① 传统上，古希腊建筑风格分为三种"柱式"：多立克柱式（Doric）、爱奥尼亚柱式（Ionic）及科林斯柱式（Corinthian）。多立克柱式于公元前 7 世纪时在希腊大陆南部的伯罗奔尼撒发展起来。爱奥尼亚柱式于公元前 6 世纪在爱琴海东部初露端倪。科林斯柱式基本上是爱奥尼亚柱式后来的一个分支，直到罗马时期才兴盛起来。

博塔设计生涯的不断进行，这些历史风格中的设计元素也逐渐被他掌握，并得出相应的对色彩、材质、原料及结构等方面的构思，让其所有的建筑色彩都从后现代的古朴风格中析出，与古典建筑产生内在的联系。

╳图7-5　扩建新馆的室内公共空间

　　博塔关于建筑形式的重新诠释、对场所理念的重构、对形式原则和功能价值等建筑语汇的运用、将建筑的历史凝聚力和城市的更新发展有机结合等这些原创性和独特性的设计先例，成为现代建筑与古典建筑之间的一面镜子，促使着建筑界不断革新。这些充满个人色彩的建筑特点，使博塔获得了旧金山现代艺术博物馆的设计工程。可以说，他的风格更加适合和便于融入博物馆这类建筑中。博塔在对旧金山现代艺术博物馆的改建设计中，采取更加大胆和专业的设计语言，利用没有任何起伏变化的顶面和没有凸凹的洞口，塑造出一个相对平坦的整体外立面，将巨大的黑白条纹作为圆柱天窗朝向天空，让建筑有了开放性的一面，迎接着来往的游客。

× 图 7-6　MOMA 文创展区

　　来到博物馆前，敞开式的入口最大限度地将建筑变成没有门脸儿的样子，从而刺激参观者进入博物馆。参观者可通过两个主入口进入新馆，馆内地面层的展厅对所有人免费开放。

　　沿街的入口大厅上方有孔状的天窗，从形式上看类似于眼睛一般，明亮的自然光从万里高空深入室内空间，照亮了参观者进入博物馆的走廊及空间。在眼睛状天窗下方悬挂着无数珍贵的艺术展品，吸引着人们将目光投至穹顶。改建的颇具雕塑感的楼梯引导参观者进入绘画和雕塑画廊展厅。博物馆的主要聚集空间位于二层，给人以无尽的窥探欲，吸引着进入馆内的参观者深入其中一探究竟。

×图 7-7　内部中庭公共空间

图 7-8　建筑外部城市空间

　　位于霍华德大街的新入口与玻璃墙展厅施瓦布大厅相连，参观者通过大厅进入博物馆，就会看到拥有交互式的施瓦布展厅。这是一个充满动感的灵活空间，创造了博物馆与城市之间的视觉联系，模糊了标准的区域定义，让人难以分辨究竟是置身馆内还是仍旧在街中行进，增加了参观者的流通性，同时展示了博物馆整体以公共建筑为核心的使命。如果从街道的一侧看向这片玻璃幕墙展厅，会发现建筑的第三层立面和第四层立面呈现出两个分别向后退的空间错位，在一定程度上减轻了厚重墙面带给街上行人的压迫感。

由室内继续向前，一组由枫木建成的大台阶为参观者提供了一个休闲聚集和休息空间。整体空间显得格外通透，却又在木制材质的分割下显得温和而有规律。这样一个木制楼梯仿佛一个弯折的观景台，与周围的四根立柱融合支撑并延伸至二楼馆内。博物馆的各层展厅和一些主要展示空间都以这种圆柱形采光天井和逐渐扩展的发散式中厅作为布置，这样的设计既在一定程度上强调了室内空间的向心性，使整体空间有一个视觉中心，又让室内空间向外散开、围合，产生了开敞感。

× 图 7-9　艺术博物馆入口

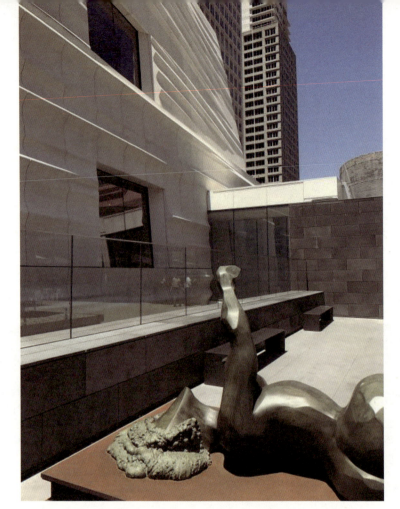

✕图 7-10　室外公共休息空间

中厅的色彩装饰以三种颜色为主，地面、景观楼梯以木色条纹为装饰，四面墙壁的立面和室内立柱以白色为主，少许以黑边包围，服务台、墙壁的结合处多以橘黄色为主。大量暖色调的填充，加之一些色彩温和的装饰性墙面，在天井自然光和 LED 人工光的照射下显得格外温和，给人一种十分明快的温馨效果。

博塔对空间动线的设计，以中厅为核心，由中厅向各个展厅发散，强化了中厅的引导作用。当参观完中厅楼梯周围的不同展厅又回到这部楼梯时，可以清晰地感受到这一层的游览已结束，进而向楼梯的上层走去，完全不同的新空间又展示在参观者眼前，使得参观者又回到了这栋建筑的核心区，重新向周围发散。

×图7-11　艺术中心的室内公共艺术

×图7-12　室外入口的公共艺术

从各个入口进入博物馆都可通过楼梯到达博物馆中心的施瓦布大厅。进入大厅便会看到一幅与建筑融为一体的作品——索尔·勒维特[①]的作品《愉悦的蓝白墙上》绘画。这幅作品像招牌一样欢迎着来到展厅的人。绕过这面墙体游览各层展厅的内部空间，便进入了建筑内部，其木质地板、白色墙面和顶部的自然光与人工光源的结合，很好地配合着展出的各种现代艺术品，让艺术与建筑毫无违和，特别是一些抽象性绘画，也与建筑融为一体。

随着枫木台阶来到三层的普利兹克摄影中心和上层的展厅，博物馆的展品数量和体量更多了。博塔设计的新展厅尺度亲人，为欣赏艺术佳作创造了完美的环境。特别是当参观者走入顶楼会发现一个临近圆柱天窗的透明钢桥——由建筑顶层的通道和顶部天窗共同连接组成，在第五层的钢桥大厅里可以看到景观楼梯延伸至五楼已经到达了最高点，想要参观顶层的更多展厅，需要步行走过天井下的空间，再沿圆形天井两侧布置的曲线形楼梯走上西侧平台，然后通过钢桥走入最后一个展厅。在这里可以饱览整个建筑室内，欣赏馆内的整体空间布局，也可以用相机记录从楼顶天井眺望加州的景象。

---

① 　索尔·勒维特（Sol LeWitt，1928—2007），活跃于战后纽约的极简主义代表艺术家，观念艺术的先驱人物。他于 20 世纪 60 年代首次提出"观念艺术"的概念及思想阐述，将极简主义对于艺术表现形式的思考推进至更为形而上的层面，对同辈及后辈艺术家产生了巨大影响。

×图 7-13　室内中庭顶部连桥

×图 7-14　建筑外部的公共露台

值得一提的是，馆内的艺术品不光以陈列的方式展出，新博物馆的以动感教育大厅和表演活动为主的艺术展廊，可以让参观者亲身体会和感受艺术带来的直观体验。新的教育大厅为学生、教师和终身学者提供了工作室、教室和资源齐全的大型图书馆。这种区域将博物馆与育人结合为一体，这样的设计开创了博物馆美育的先河。博物馆与湾区创新家 Meyer Sound 合作为博物馆提供了声学设计，翻新的博物馆剧场内配备了最先进的星群声学系统，将自然科学与博物馆美育有机结合，给予参观者声视双重体验。剧场内有最前沿的投影机，可以放映胶片电影和胶片纪录片。新的艺术展廊是一个独特灵活的空间，其剧场桁架支持各类演出活动或展出大型艺术作品。

×图 7-15　品鉴中心

×图 7-16　天台共享空间

　　这些多样的展厅环境满足了各尺度艺术展品的特殊展出需求。无论是整面幕墙的大型画作还是娇小到像照片一样的油画卡片，都能合适且精确地被布置在展厅当中。小型灵活的无柱画廊可以展示无数的临时展墙，如同策展人的画布；一个八角形的画廊可以供不同艺术家展示其专门的个人作品；7 楼阁楼式的画

廊也为展出当代艺术作品提供了空间。

×图 7-17　自助信息查询处

　　博物馆新的大厅拥有 LED 的金牌认证，博物馆由此成为美国首批应用 LED 照明的博物馆之一。此项措施帮助博塔实现了其雄心勃勃的可持续设计目标。彭博慈善基金慷慨支持博物馆重塑了数字系统，其互动体验打破了艺术、娱乐和学习的界限，直接提升了博物馆美育的作用体量。

　　旧金山现代艺术博物馆的改建历程，如同世界建筑领域的发展状况一样，正不断地充实着新材料、新技术、新形式。也正是这些前所未有的不断创新，使博物馆建筑领域的发展愈加茁壮、完善。

捌

密尔沃基美术馆

The Milwaukee Art Museum

美国的密尔沃基美术馆位于威斯康星州密歇根湖畔，这里是一个终年气候温和的避暑胜地，以丰富的农业物产和良好的湖畔资源吸引着无数文旅项目来此投资建设。随着近年来的不断发展，密歇根湖和密尔沃基港口已经成为美国当下著名的旅游胜地。密尔沃基美术馆作为当地的地标性建筑，对整片区域的发展起到了引领性的标志作用。2001年，随着新世纪的到来，经过改建的密尔沃基美术馆重新出现在人们的视野中。这座矗立于密歇根湖畔的美术馆，有着洁白色的外观、仿生大鸟双翼的有机造型和宏大的代表着卡拉特拉瓦美学的白色屋顶，犹如和平鸽一般在湖畔停驻，守护着周围的静谧。

×图 8-2　美术馆户外的公共艺术

圣地亚哥·卡拉特拉瓦是世界上著名的颇具创新精神的建筑师，以桥梁结构设计与"会动的"艺术建筑设计闻名于世。说起他，人们总能联想到他在威尼斯、都柏林、曼彻斯特以及巴塞罗那设计建造的桥梁，这些作品总是让人们觉得他更像是一位伟大的工程师；而他在巴伦西亚科学城、苏黎世火车站、坦纳利佛音乐厅、里斯本以及著名的 2004 年雅典奥运会主场馆中设计的颇具艺术色彩和拥有壮观外形的建筑，又让人们惊叹他在建筑设计领域所拥有的天赋。因此，人们称他为"名副其实的建筑师"。在结构力学、建筑学、艺术学三者的协调与统一下，正是他不同寻常的创新精神，令他建造出了密尔沃基美术馆这座不寻常的建筑。

　　卡拉特拉瓦 1951 年出生于西班牙巴伦西亚市，西班牙独特的混合民族特点和天主教文化塑造了这位建筑大师热情奔放的性格，也让他对海湾式建筑产生了浓厚的兴趣。在巴伦西亚经过多年关于建筑与城市设计专业的学习之后，1979 年卡拉特拉瓦获得了瑞士苏黎世联邦理工学院的结构工程博士学位，凭借优异的建筑设计能力和颇具感染力的人格魅力，他在博士毕业后便留在学院任教，并且开始着手欧洲各类建筑设计。经过大量经验的积累，1981 年卡拉特拉瓦在苏黎世开设了自己的建筑和土木工程事务所，逐步摸索出了属于自己的当代设计思维与实践模式。

　　卡拉特拉瓦与普通的建筑师不同，身为一名建筑师，他更像一位将结构把握得更好的工程师，对力学结构和建筑美学之间的关系有着独特的见解。他经常深入自然环境中，将大自然作为设计的基础和前提，他设计的桥梁大多以简洁纯粹的钢筋举架示人，试图在冷酷的钢筋混凝土中展现出技术理性的纯粹，同时，这样的结构也充斥着逻辑思维的美。而在这些条条框框的束缚之外，表露出的形式却又仿佛超越了地心引力，让整座建筑如同失去重力一般飘浮在寰宇之中，将美的形式通过力学原理展现出来。大自然之中花鸟树木的形态美观，在他的设计下被重新定义，让力学与仿生学的结合在建筑中诞生，成为他一贯的设计理念。

× 图 8-3　圣地亚哥·卡拉特拉瓦

　　卡拉特拉瓦在最初从事建筑设计行业时，在结构工程专业上的特长使他所做的实体项目多数为火车站、机场和桥梁等基建类公共设施，这使他后来的设计都有了厚重的与公共建筑相关的影子。结合他特有的注重力学美的设计特点，有的时候他的设计通常让人联想到宏大的电影场景或是外星文明，他那极其突兀的技术美、力学美出现在机场、车站等公共建筑中，使得整个建筑宏伟而挺拔，仿佛不是人类文明的产物，而是上古神话中超越物理维度的作品，颇具凝聚感和力量感。卡拉特拉瓦设计理念的诞生与这个时代高速发展的背景是分不开的。

两次工业革命以后，人类物质文明有了重大突破，新兴的道路交通方式如汽车、火车等，对桥梁道路方面有了更深的需求，这些新出现的建设问题让建筑师逐渐向工程师转化。在这样的形式趋势下，卡拉特拉瓦作为一名极富工程师色彩的建筑师为全世界的建筑师们创造了建筑工程的新模式，这个新模式促使20世纪90年代前后爆发了对桥梁进行建筑设计的热潮，从一个新的角度重新开始塑造城市中这类公共建筑的设计语言，进而影响到城市的面貌，发展出了新的城市建设模式。

　　我们可以将卡拉特拉瓦的这些革新性创造总结为三个步骤和模式：首先，他提出通过优化设计方案来解决实际问题——这是以往的设计师不曾关心的，这在一定程度上是工程师们的首选；其次，他解决问题的手法以及设计理念常常在作品中表现得一目了然，从而增强了作品的辨识度和共情力，可以引起共鸣；最后，他的这些作品令人赏心悦目的同时，通过不断的技术创新方式，发现一条解决建筑问题的全新思路，并促使人们思考有关建筑本质的问题，引发一系列对此问题的感想和未来应对此问题的解决方案。卡拉特拉瓦经常在共性中发掘个性，这让他的建筑设计总使人联想起繁多复杂的有机生命体进行重组构成的排列方式，这种设计思维方式不单单是形式上的取之自然，还是从生物角度进行仿生，回归自然。这也是使他所设计的诸如桥梁、瞭望塔以及建筑群像是从景观中生长出来的原因，这样的设计方式不仅贴合环境，而且加强了景观作用。当然，他设计的形式并不是纯粹模仿，既不是单纯通过建筑对事物进行还原，也不是直接采用有机体的式样去不断复制，而是从不同物种特技动作和动物的特性姿势上克服重力的束缚，将其转化为建筑的一种形式，从而获得丰富的灵感，再加以捕捉形变，加入到一个动态的物质化了的建筑世界中去。他的设计方案，或者说他在自然中所表达出的艺术品，其灵感来自生物体，却又凌驾于生物体本身，是升维的、抽象化的设计语言，尤其是对人体的骨架组织、细胞血液循环系统以及皮肤生长活动与拟生方式的还原，让人一目了然却又给人以形式上的貌合神离感，产生了所谓活的建筑。

因此，当卡拉特拉瓦设计的建筑从图纸移到建构的实地上时，总会给人类似于回归自然之感，建筑不仅不会抑制其景观性的一面，不会丢失其本身的观赏性美观特征，反而还能提升仿生模式的唯一性，提高辨识度和共情感。当他的作品放置在被遗忘的郊外或者废弃已久的荒地时，总能给这个地方带来希望和复兴的渴望，给人以鼓励，让人重新燃起斗志。这也是建筑本身凝聚力的体现与升华。

卡拉特拉瓦对力学和美学的结合有其独到的设计语言。不同于对仿生学形式上的追求，单纯就建筑而言，建筑本身应具有稳定性与抗瓦解性，但是作为人类生活的容器、环境的调节器，建筑使人类及其活动具有容纳性，对某处地点有遮蔽性，这些错综复杂的理性因素与人类感性情感融合在一起，使建筑有了多样的使命与特征。卡拉特拉瓦在建筑的形式与结构方面做出了杰出的贡献，他的高质量设计是集体思想和共同协作努力所达到的必然结果，和当今时代我们的可持续发展思想环环相扣，他的成功应归功于他众多技巧和才能的综合，这些技巧和才能使得工程与设计不同却又在某一节点相交。卡拉特拉瓦能够综合多种知识，在普遍水平上思考并不断创造，最终跨越建筑力学范围内的种种障碍，创造出密尔沃基美术馆这样的旷世佳作，这是非常难能可贵的。

在密尔沃基美术馆改建设计之初，美术馆旁边还有一个当地博物馆建筑，是著名建筑师沙里宁[①]在"二战"结束一段时间后设计的战争纪念馆。在获得了

① 埃罗·沙里宁（Eero Saarinen，1910—1961），美籍芬兰裔建筑师。1910年生于芬兰，13岁时随父埃里尔·萨里宁移居美国。1934年毕业于耶鲁大学建筑系，之后得到奖学金并旅欧学习二年。回国后随父亲从事建筑实践，1941年起与父亲在密歇根州安阿伯合开建筑师事务所，直到1950年父亲逝世。后在密歇根州伯明翰继续开业。曾与父亲共同设计了不少重要建筑。他的设计风格清新，个性突出，造型独特，有创造性。

改建工程资格后，卡拉特拉瓦为了更有效地发掘湖畔亲水地段的生态环境优势和当地与生俱来的人文潜力，将建筑规划在了湖畔近水的一方，这样他的建筑设计和规划才能才可以得到更好的发挥与展示。

改建后的密尔沃基美术馆与林肯纪念大道相对。林肯纪念大道是当地连接南北的重要交通枢纽和中心，经过大量规划与实地考察，卡拉特拉瓦的设计团队决定沿着大道的方向新建起一条拉索引桥，用以提高整座建筑与周围的连通性。这座跨度长达 73 米的引桥，把人们的视线直接引到了新建的建筑上来，顺着桥体向后看去，笔直的桥面正对着新美术馆的主要入口，有力地增加了整座建筑乃至整片区域的辨识度，让美术馆成为当地最醒目的城市地标建筑。引桥下没有水系湖泊，真正的湖水在美术馆的身后，这种借势的感觉让建筑产生了空间上的错位，二者一静一动，交相呼应。这种设计语言颇有些我国古代道家的太极思想意味，以阴阳调和让建筑与环境充满灵动之感，你中有我，我中有你，自然环抱建筑，建筑融入自然。在桥头处，卡拉特拉瓦将支撑桥面的钢索垂直向下排列变成了垂直的大门，由点变线，再由线变面，给入口画出了一个醒目的画框，在视觉上对空间进行了划分。桥体裸露在外的部分都以白色混凝土材质附着，不留余地地突显建筑雄伟的气质，这种不亚于哥特风格剑指天空的压迫感，一下子就把整个建筑的性格鲜明地全盘托出。引桥拉索结构中以 47° 倾角向上绷起的中脊，与桥面浑厚大气的立面结构形成了空间关系上的平衡，钢索与引桥的方向相向而驰，仿佛缰绳一样绷住了全部 10 条拉索，把桥面的重量全部牢牢地固定在耸入云霄的桅杆上，犹如驰骋在原野的马匹一般自如洒脱，桀骜不驯。

卡拉特拉瓦这清新大胆的建筑思维，让人还未步入建筑内部就已开始感叹其宏伟，美国《时代周刊》杂志[1]曾在 2001 年评选密尔沃基美术馆为年度设计榜最佳作品。这一排行榜不仅网罗了那个时代的新建筑，还包括家具、汽车、时装设计乃至电影的美工设计，可见人们被它撼动的程度。多年以后，好莱坞大片《变形金刚 3》曾在此取景，让这一博物馆的宏伟又一次站在了潮头。然而那壮观的引桥并不是为人称道的密尔沃基美术馆建筑的核心，只是辅助建筑本身起视觉功能的引导性作品，最后那座通体洁白、造型别致，屋顶像鸟儿向天空伸展的翅膀一样的建筑，才是密尔沃基美术馆本身。

　　卡拉特拉瓦常说结构就是建筑艺术，功能和美学是结构最好的体现。在他设计的密尔沃基美术馆里，空间折叠结构的应用被体现得淋漓尽致。如果抛开建筑本身的特性，俯瞰密尔沃基美术馆的全貌，你会发现它更像是一只有生命的海鸥，它那白色海鸟展翅的外形，和它那通过机械传动装置能够自如开合的羽翼，让整座建筑仿佛拥有了生命一般。这个结构体系是与引桥结构相连接的，它们由两根平行的、倾斜 47° 的桅杆靠钢索拉力作为支撑。桥体和楼体相交处由两根桅杆相连，其中一根桅杆位于屋面的中轴线上，另一根位于通向美术馆入口的桥上。随着日月交替，根据太阳的高度角，美术馆的工作人员可以通过机械转动的方式调整桅杆的角度，从而产生光照变化，使接收阳光的角度与太阳的高度角相对应，提升室内的自然光照明强度。美术馆顶部的钢结构羽翼也会自动调整，以确保美术馆会在光照方向的调整下接纳更多阳光。

① 《时代周刊》（Time）又称《时代》，创刊于 1923 年，是近一个世纪以来最先出现的新闻周刊之一，特为新的日益增长的国际读者群开设了一个了解全球新闻的窗口。《时代》是美国三大时事性周刊之一，内容广泛，主要对国际问题发表主张和对国际重大事件进行跟踪报道。

×图 8-4 密尔沃基美术馆一侧

×图 8-5 密尔沃基美术馆中庭

　　因此在白天的各个时段，美术馆的穹顶都是不同的，光影的方向也是会变化的，参观者可以在室外看到屋顶那灵动的翅膀如同有了生命一般，或张或合，仿佛建筑即将飞翔一般。与此同时，室内的参观者也能感受到光感发生的明显变化，这种光影的流动感彰显着运动与诗意的完美结合。来到门厅以内的室内空间，可以看到与室外一样纯白色的建筑内部，仿佛内外连通一般，抬头看去，透过鸥翼一样的穹顶可以看到蓝天，通透明亮的阳光让人感到室内外的空间环境已融为一体。墙壁上是由厚重的混凝土拱起建筑的立面，卡拉特拉瓦将这种重复的建筑元素循环叠加，使由南向北分布在轴线上的展览空间整体上相对统一，而各个不同的区域又相对独立，简朴而雅致。由于混凝土的厚度高于建筑立面留出的窗口檐沿，因此展廊的自然光变得如同透过教堂琉璃窗落入地面的光柱一般独立而清澈，这些光源通过地上的漫反射形成漫射光，与周围立面产生折射，使得室内出现不同层次的光感，泾渭分明却又给人舒适感。这样的设计，既能保证展厅内有足够的自然采光，又避免了阳光直射对艺术藏品的破坏。身处这样的室内空间中，从一层的大厅向窗外望去，可以看到蓝天白云与湖面连成一片，再加上水中充满运动感的建筑倒影，让人豁然开朗；回望室内，空间的意境又创造出诗意般的结构体系，让人心驰神往。

　　与其他建筑不同的是，密尔沃基美术馆在户外部分装有一组遮阳的百叶窗，但没有把百叶全都放到玻璃窗的内侧去，这样的设计大大提升了建筑内外的交互，使室内外空间的交合产生了模糊感。同时，卡拉特拉瓦大胆地把一部分遮阳百叶直接穿在了桅杆上，如同一枚纤细的羽毛随时跟着阳光调整自己的角度，这种细节上的贴合使得鸥翼般的建筑更加灵动自如。

×图 8-6 密尔沃基美术馆中庭自然天光

卡拉特拉瓦凭借他对混凝土材质的熟练运用，以最简单、最朴实的结构功能造就了极其雅致的纯白色室内空间环境。密尔沃基美术馆就运用了顶级的技术，结合了老式的材质材料，创造出了无比强烈的科技感，用结构构造出的建筑显得更加绚烂美丽。

四层高的博物馆，收藏有超过 35000 件艺术展品，展品主要为 15—20 世纪的欧洲绘画作品和美国绘画作品。这些包含新艺术运动时期的艺术画作与卡拉特拉瓦清新脱俗的设计交相呼应。可以说，与馆内收藏的展品相比，这座美术馆本身就是一处难得的建筑艺术品。

×图 8-7　美术馆现代主义艺术品展厅

×图 8-8　高技派建筑结构支撑

　　卡拉特拉瓦的作品让人们的思维变得更开阔、更敏锐，让人们善于捕捉动态的事物，从而更多地理解我们的世界。无论是形态特征还是工程力学的运用，卡拉特拉瓦的作品都像是自由曲线的流动，在有机元素组织构成的形式及新结构基础上重生。运动特技这一形式贯穿于整个建筑的灵魂，不仅体现在整个建筑的结构构成上，也潜移默化于每个细节中，给人以名不见经传的感受。

　　卡拉特拉瓦在密尔沃基美术馆的设计中，不仅在形式上不留余力地进行了雕琢，同时也充分发挥了他作为工程师的才能，非常好地解决了建筑和自然环境、旧馆与新馆、美术馆与城市发展规划之间的关系问题。

　　在密尔沃基市的规划发展中，卡拉特拉瓦为了保证密尔沃基市民在视觉上不受美术馆高度的影响，保证民众在望向湖面时不被过高的建筑遮挡，把作为展厅的部分压缩得很低，每一个视觉不可穿越的投影处，都选择性地降低体量，进而展厅只有一层，87.5米长的拉索引桥更是将美术馆和通向市中心的威斯康星大道相连，让市民更加习惯这座建筑的存在，也让这座建筑更好地融入城市而不显得突兀凋敝，每当街灯亮起或太阳从湖面初升，都会将这座建筑变为城市尽头的底景。这样的处理方式，充分解决了建筑和城市的关系，反将受城市规划条件制约的问题变成了优势。而且该建筑通体都为白色，在暗灰色调的城市背景下更加突出，让城市不再单调，也让城市与湖面的连接关系不再孤立。这样的设计改变了建筑与环境的关系，也影响了建筑本身的体量，而缩小了的建筑体积结合展翅的海鸥顶部造型，让湖面的视觉效果不再堵塞，湖岸关系更加协调。

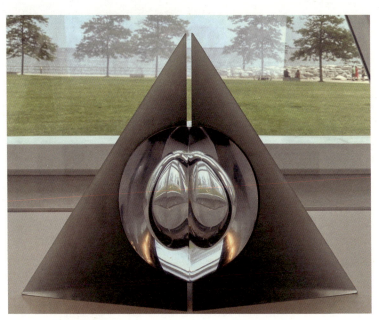

×图 8-9　现代主义公共艺术品

× 图 8-10 玻璃吹制艺术品

在解决了城市规划的相关问题后，卡拉特拉瓦开始着手规划新馆与旧馆之间的关系。面对沙里宁的作品，卡拉特拉瓦设计的新馆更多的是以尊重、融合的姿态去面对这位先行者。新建部分的平面为十字形，与沙里宁的战争纪念馆中十字交叉的平面相呼应，在整体建筑结构上进行了部分传承后，卡拉特拉瓦开始运用他的力学建筑天赋，在形式上加以改造。他一改旧建筑灰色的象征着包豪斯精神的灰色工业风格，而将建筑全部变为象征着纯净的白色，旧建筑中试图体现工业力量而营造的飘浮感，在新建筑中直接通过仿生的形式克服力学的束缚真正"飞"了起来。这样的改变更像是对旧建筑的一种延续，延续了以前的设计理念进而发展为新的建筑模式，既有以前的庄严感，又有新的科技感。

如果说建筑仿生形式的诞生伴随着感性的思考，那么密尔沃基艺术博物馆就是卡拉特拉瓦对理性与感性把控的精确结合。抛开博物馆优美的体型和外观，其内部建筑的设计组合完全遵循着几何性原则，是在沙里宁的旧建筑的基础上由延伸出的矩形体块组合而成的，因此建筑的基础部分颇具理性思维，而新建的延伸出的通往城市的引桥以及颇具创意的海鸟造型则是充满感性色彩的产物。这种掺杂了感性色彩的建筑风格，使建筑给人以强烈的雕塑感，与大批冷漠的国际式风格建筑不同，仿生的造型充分表现出结构之美，使结构和建筑统一在一个整体里，结构变成了一种表现形式，同时也撑起了建筑的内在基础。这种结构力学艺术化的出现让整体造型有一种"受力均衡"的态势，建筑的结构在与重力抗衡，而形式则寄生于二者之间，收纳了重力的瓶颈，扩充了结构的骨感，这就像人类这一物种能够直立行走，需要满足重量和骨骼肌肉形态之间关系所需的最基本的生存要求和功能要求。感性的外形和理性的内在，让本身就拥有拟生形态的建筑在本质上仿佛被注入了生命体的活力。卡拉特拉瓦让典型结构单元多次重复和渐变，进而不断展开，形成富有韵律的结构组织，使得建筑清新典雅。卡拉特拉瓦认为"没有必要在建筑的结构上去增加所谓的建筑艺术，也就是说，没有必要去穿最新的时髦外衣，结构就是建筑"。这一观点更像是对包豪斯精神的延续与发扬，没有过多的装饰，因为物体的材质本身就是一种装饰，少即是多。

少有的装饰艺术让密尔沃基美术馆最精彩的部分体现在它那宽敞洁净的接待大厅之中，那里是它仅有的对装饰在形式上的解读。卡拉特拉瓦在入口大厅的鸥翼式玻璃棚顶外，设计了一面百叶遮阳层，这片区域共由 72 个白色桅杆组成，左右两侧分别有 36 个，长度则根据造型的扩展收缩而大小不一，这些遮阳百叶窗片和总体的机械动力装置互通，可以人工进行调整，当感应器感觉到风速超过 23.6 英里 / 小时，就会自动报警，提醒管理者收缩展翼。当遮阳百叶层开启时，建筑的鸥翼式造型也会随之舒展，开启到顶点时，所有的百叶窗片会随桅杆全部展开，阳光顺着空隙倾泻而下，在内部看，如同片片羽毛展开一般，而从外部看，像是鸟类的舞动表演，给人以强烈的视觉上的冲击力，这恰恰只是结构的艺术形式体现。

这样的一系列力学装置，正是对卡拉特拉瓦能力和才华的最好检验。建筑中所有结构的遮阳片重近 10 吨，这些由钢制成的翅膀形成具有扇动开合能力的结构体，并且能够像鸟儿打开翅膀一样自如，令人感叹和赏心悦目的同时，不得不折服于这位大师的想象力以及他对建筑技术、材料、机械运作、力学的驾驭能力。这样一项建筑奇迹，不是一个设计师简单地通过图纸，对形式进行思考就能铸造出来的，其中繁多复杂的结构和需要隐藏其中以更好地表现出外观所内嵌的轴承是考验工程师的重中之重。多年的经验积累和对工程力学惊人的天赋，让密尔沃基美术馆的竣工不负西班牙科学城玻璃挑棚这种形式的盛名，让卡拉特拉瓦继那个上下打开就像人们眨眼一样的玻璃棚顶之后，再一次向人们展示了什么叫上帝的造物。

×图 8-11　密尔沃基美术馆动态展开的"双翅"

×图 8-12　美术馆内部颇具宗教风格的中庭

从横向维度上看，卡拉特拉瓦用他那极具艺术眼光的设计思路造就过数个可动的建筑，从"可动的"到"似乎要动的"之间存在着纵向的深度差异，这种差异正来源于他对建筑工程学能力的原始积累和对建筑艺术的造诣发掘："可动的"是在工程结构方面克服了重力，突破了建筑限度的束缚；"似乎要动的"则是神态上、艺术上的升华表现，是对建筑艺术的挖掘与思考。这二者的结合诠释了运动就是美。正如古典雕塑的表现形式一样，神态的塑造抓住了人们运动的一瞬间，而这些运动本身就是被冻结了的状态。对这种动态化的艺术形式的理解，使卡拉特拉瓦对于每一处形式的表现都将结构作为活的有机体去处理，用艺术去包容结构，用结构去粉饰艺术，在艺术与结构这两个相交线的交汇点形成一种平衡，赋予建筑生命，使建筑拥有了生生不息的传承精神。

卡拉特拉瓦总是恰到好处地把控这种平衡，他让建筑外立面颇具力量感的线条直插入水中，让水面流动的波纹将其吞噬，一动一静、一柔一刚的交互让建筑更像一个有机体，展露着它的生命活力。这种方式不仅能勾勒出结构的紧实感，还能够表现出包含在建筑中的动态的界限。他将建筑造型的大部分技术问题都融入了环境与结构中：垂直的桅杆伸入水中，荡漾着宁静；白色的涂装直指天空，自由而清澈，给了人无尽的思考，而后却又给人明灯般的指引。孤立的桅杆在结构上融入了大鸟的造型，在形式上却化为连接环境的纽带，二者的平衡中带有一丝令人舒适的趣味。而这种以结构为美的设计手段最终要服务于实用性，它改变了建筑本身的思维模式，却又不将建筑的功能性与艺术性分离，这种潜移默化的富有诗意的理念，流淌在建筑的每一处角落，用它美丽的外观，照亮着每一片地板的明亮，守卫着每一片墙体的坚实。

当建筑的设计理念落实到每一个内部区域，我们会发现博物馆的平面功能简洁明确，其几何造型将空间把控得恰到好处，泾渭分明。走过引桥，乘电梯或沿两侧楼梯步行下至首层大门，或从地下停车场直接进入。规矩的动线和直观的空间，让人感觉大方通透。进入大厅，展现在参观者眼前的是一个宽敞高大的室内空间，结合棚顶对光源的把控，室内显得非常明亮，白色大厅格外洁净，一尘不染。大门正对面是一个开阔的半圆形观景窗，透过窗户可一览密歇根湖的美景。整个大厅挑空的支撑环绕在约一层高的钢筋混凝土环墙之上，混凝土墙与其他墙面的衔接处以曲面连接，让大厅充满了围合感，在结构上充满了力度和张力，仿佛在包容着屋内的一切。大厅的左侧是室内核心的展览空间，展厅由两条艺术展廊和中部的展厅、报告厅、书店组成。两侧的展廊可作为临时展览使用，值得发掘的是两条展廊还是通向旧馆的通道，没有将旧馆与新馆相对分割，而是交融连接，这样具有功能的展廊成为室内的纽带，增加了室内空间的交互性。室内展厅整体的顶部结构没有过多粉饰，大量原始建筑结构裸露出来，弧形顶梁沿展廊延伸的方向排列在一起，呈现出规律的有节奏的协调感，让人宛如置身于教堂中祷告一般。因为卡拉特拉瓦对建筑结构造型的雕琢，使展廊在阳光下呈现出多种光影叠加的丰富效果。卡拉特拉瓦认为展览空间不仅需要展示藏品，还要体现出作为艺术本身的建筑的结构特性，但他深知二者的关系不能喧宾夺主，建筑的美感不能压过艺术品，而应与展出的艺术品相得益彰。大厅的右侧是会议室，这是一个相对独立的空间，具有一定的私密性，会议室的窗外尽是密歇根湖的美景。

× 图 8-13 密尔沃基美术馆地下停车场

　　值得一提的是，美术馆的地下车库也是由卡拉特拉瓦精心设计的。展馆的地下并不是简单的制式梁柱结构，也没有繁多的横梁和垂直连接地面棚顶的钢筋立柱，而是将梁和柱的设计变为连续的整体，采用网状的有机造型，不断重复在每一个车位之间，架起了地下室的空间，同时也划分出了车与车之间的距离，倾斜的柱子与地面的钢铰相连，在结构上充满张力。颇具个性的地下空间如同大山深处的地下洞穴一般，却又因白色的涂装，明亮、舒适又充满活力。车库两侧的采光处理也非常巧妙，地下的窗户与室外地面部分的建筑造型相结合，将立面收纳为一个整体，使得车库能够大量汲取自然光，节约了能源，而大量自然光的涌入，让人一时间分不清究竟是深处地下还是广袤的室外。参观者从车库可通过电梯或楼梯进入大厅。

×图8-14　自然光下的展示长廊

　　卡拉特拉瓦的艺术才能，让密尔沃基市散发出了闪耀的光芒，这座城市也迫切需要这样一座视觉冲击力极强的建筑。同时，作为地标性建筑的博物馆无论收纳了多少珍宝，它令人耳目一新的建筑形式本身就是一件精美的艺术品。作为密尔沃基城市的象征，密尔沃基美术馆为这座城市带来了无尽的艺术价值和社会价值，同时也为当地创造了非常可观的财富。可以说，在美国的众多大型城市中，密尔沃基本来是名不见经传的城市，因为这座建筑，吸引了无数电影行业和企业来此取景投资。在密尔沃基，以前人们很少谈论建筑，对建筑的热情并不高涨，但自从这座美术馆建成以来，人们充分认识到建筑的魅力以及它带来的前所未有的收益。卡拉特拉瓦在密尔沃基市由此成为家喻户晓的人物，他的作品不仅提升了市民们的建筑意识，还提高了他们的凝聚力。同时，美术馆也没有辜负它所应得的回报，建成后的时间里，慕名而来的参观者络绎不绝。1999 年、2000 年平均参观人数 165000 人，从 2001 年 4 月至 2001 年底部分开业期间参观人数是 375000 人，10 月 14 日全部开业那天参观人数竟达到 32000 人。后来随着媒体和奖项的争先报道和提名，美术馆再一次被人熟知，而后成为大量电影的取景地，人们开始争先恐后地来此一睹银幕中实地的风采。

　　卡拉特拉瓦的建筑是一种仿生"有机"建筑，与赖特的有机建筑不同，赖特的建筑更像是静谧的沉寂的有机环境，而卡拉特拉瓦的则是与周围环境互动的动态建筑，他的作品如同一幅山水泼墨中风景与人物的关系一般，相互衬托，一静一动，有着"孤舟蓑笠翁，独钓寒江雪"那种诗意的纯净。卡拉特拉瓦创新运用老式建筑材料钢筋混凝土，把曾经的建筑融为新建筑的一体，这种设计的难度是可想而知的。有很长一段时间，建筑师和结构工程师之间泾渭分明，各司其职，卡拉特拉瓦却站了出来，用他特有的新方式为设计师们提供了指引，他运用如同文艺复兴时建筑巨匠们一样的想象力，将结构与形式结合起来，仿佛说出了建筑发展的新形势。

　　以技术能力探究人类制造美的潜力，以自然法则启迪人类铸造结构的能力，让人工造物与自然交相辉映，卡拉特拉瓦站在时代的潮头，通过一件又一件伟大的作品不断努力前行。

金贝尔艺术博物馆

Kimbell Art Museum

金贝尔艺术博物馆[①]位于美国得克萨斯州沃斯堡[②]，1972年建成，由建筑设计大师路易斯·康（Louis Isadora Kahn）设计，被世界公认为现代主义建筑的巅峰之作，同时也是路易斯·康最为重要的代表作之一。

---

① 1996—1972年由路易斯·康（Louis Kahn, 1901—1974）设计。2013年，金贝尔美术馆完成扩建，新馆由巴黎蓬皮杜中心的设计者伦佐·皮亚诺（Renzo Piano）设计。本章金贝尔美术馆介绍的是由路易斯·康设计的旧馆。

② 沃斯堡是美国得克萨斯州的第五大城市，塔兰特县的首府。位于达拉斯以西30英里，与达拉斯、阿灵顿等城市构成全美第四大都会区（Dallas- fort worth- arlington metropolitan area），是美国西进运动的出发之地，拥有天然的浪漫情怀与创造基因，众多现代主义建筑大师在此留下杰作。

坐落在沃斯堡市文化区内的金贝尔艺术博物馆，周边文化气氛浓烈。达拉斯、沃斯堡、阿灵顿是美国第四大都会区，拥有"西部开始之地"的美名，美国西部文化在此聚集，现代主义运动和国际化风格建筑也在此兴盛，为这里留下了一大批宝贵的建筑遗产。其中，沃斯堡文化区是美国最大的艺术区之一，坐拥数座全球闻名的公共建筑，较为经典的有菲利普·约翰逊（Philip Johnson）设计的阿蒙·卡特美国艺术博物馆、路易斯·康设计的金贝尔艺术博物馆和伦佐·皮亚诺设计的扩建新馆、建筑师里卡多·莱格雷塔（Ricardo Legorreta）和吉迪恩·托尔（Gideon Toal）联合设计的沃斯堡科学和历史博物馆，以及安藤忠雄设计的沃斯堡现代艺术博物馆，它们共同架构出这座城市最为重要的人文景观和文化支点。

"对我来说，建筑不是事务，而是我的宗教，我的信仰，我为人类幸福、享乐而为之献身的事业。"路易斯·康说。

哲学、几何、对称与沉思。每当你看到路易斯·康的建筑时，总会被其空间几何美学散发的魅力所吸引，产生不同的情感。这种感觉很难用语言表述，是属于人类内心与文明的一种碰撞与对话。大多数建筑师留给世界的是他的建筑项目，而康则留下了更多东西。他的作品带给世界的仿佛不仅仅是建筑，还有一种语言——与空间交谈的哲诗。

路易斯·康是爱沙尼亚裔犹太人，美国建筑师、建筑教育家。他是美国乃至世界令人敬仰的建筑大师，直至今日仍有一大批建筑拥趸，其作品深受全世界的崇拜与钦佩。但路易斯·康的一生并非一帆风顺，而是极其坎坷：早年不幸烫伤脸颊；50岁之前一直醉心于对建筑设计的探索，默默无闻；之后厚积薄发，压抑不住的建筑设计才华让其猛然封神，直到现在仍然是建筑史上最耀眼的巨星。华裔建筑大师贝聿铭曾坦承："他（路易斯·康）的三四件作品，比我的五六十座建筑要强多了。"而菲利普·约翰逊[1]则更直白: 我所有的作品加起来,都比不过他那三四件。

路易斯·康的故事

关于路易斯·康的故事,不仅仅是一个建筑师的故事,也是一个关于学生、教师、家庭与父亲的故事,更重要的是我们透过这一故事看到了一个挚爱建筑、醉心于事业胜过一切的故事。1901 年,康出生于沙俄时期的爱沙尼亚库雷萨雷一个贫困的犹太家庭。3 岁时,他看到炉子里煤火生成的光并被其深深地吸引,于是拿起一块煤,放进了围裙里,蹿起的火苗烧伤了他的右脸。他的父亲认为他会因此而死去,而母亲坚持认为这会使康成为一位伟大的人。命中注定,康与光有着不解之缘,被火焰烧伤的手上和脸上的疤痕,没有成为康人生的枷锁,反而是其不向命运低头与永远追求光明的标志。1906 年,日俄战争爆发,康举家移民美国费城,此时康展现出惊人的绘画天赋,他的家人给他烧焦的树枝和火柴用来画画,他曾卖掉这些画,并以此为生计,为家庭开销提供帮助。岁月流逝,路易斯·康于 1914 年成为美国公民,他的父亲于 1915 年将他的名字改为 Kahn(康)。中学时期的康以异于常人的艺术天赋参加了天才学生的众多比赛,高中时参加了建筑课程学习。古希腊、古罗马的建筑让年轻的康着迷,他逐渐在建筑课程学习中找到了自己的道路。尽管大学时期康拿到了宾夕法尼亚大学的全额奖学金,但他还是兼职各项工作用以支撑各种学习开销。

1924 年,路易斯·康毕业,成为一名独立而成熟的建筑师。和大多数建筑师一样,康对为什么建筑、如何建筑这些问题陷入了深深的思索。4 年的绘图

[1]　菲利普·约翰逊,美国建筑师和评论家,《国际风格: 1922 年以来的建筑》(1932)一书的作者之一,为 1979 年普利兹克建筑奖的第一人。

员生涯结束后，康开始与学习期间遇到的 aul Phillipe Cret 一起工作，后曾与奥斯卡·斯托诺罗夫合作。

1935 年，康成立了自己的工作室，但直到 1950 年也没有很多主导性的项目。在此期间，工作室参与了新泽西州泽西加家园合作开发项目、杰西·奥瑟之家私宅设计、菲利普 Q. 罗氏之家以及莱诺尔韦斯之家建筑设计，这些项目都在新泽西州或宾夕法尼亚州。正如路易斯·康的建筑作品所呈现出的精神气质，当你看到这些小型的私宅建筑时，同样会在头脑中闪现"Louis Kahn"这个名字。精致的比例，严谨的空间控制，使这些民用建筑显得卓越而不失品位。

1947—1957 年，康在耶鲁大学担任设计评论和建筑学教授。同一年，康在妻子和朋友的支持下，创建了自己的建筑事务所。伴随着现代主义思潮的袭涌与对后现代主义的反思，20 世纪中叶的建筑师似乎都在从古典哲学的思考中领会当时建筑的发展方向。这段时间，康的设计风格深受国际风格与勒·柯布西耶的影响，但他仍然坚持自己对建筑与空间的独立思考，每一根线条、每一处平面的布置、每一个建筑节点的实施，他都进行深入的研究与思考。

路易斯·康曾两赴欧洲，1928—1929 年间绘制了大量关于欧洲古建筑的速写草图。从他的三个孩子留下的图画中我们可以看到，铅笔和水彩的绘画是试探性的，甚至是焦躁的，其用色大胆而执着，关注物体间的体量关系。1950 年，路易斯·康获得了罗马美国学院为期 6 个月的驻院职位。在罗马期间，他抽出时间去欧洲各地旅行，走访了意大利、埃及、希腊等国众多古建筑遗址，并被其深深震撼。康重新思考了不同建筑师在面对纪念空间时的出发点。帕特农神庙、带有科林斯柱式的阿波罗神庙、基奥普斯大金字塔等，都在康的草图作品中以抽象而热烈的方式出现。这一次的建筑速写以光芒四射、充满活力的粉彩画为主。再一次研究建筑，他关注的重点不再是空间与体量、比例与秩序，而是色彩和光线。曾经的建筑、思想只是在书本与草图中交流，当身临其境地面对地中海透明的空气、迷人的光线与壮美的建筑时，留给康的震撼与触动是相当深刻的。康似乎重新找到了自己的方向，我们可以从他的作品中看到古代遗迹对他建筑设计的影响，尤其是在空间感知方面，他转而倾向于宏伟与庞大，他要创造具有纪念意义的建筑。在罗马期间，康收到了来自耶鲁大学的美术馆扩建工程的委托。这座建筑开启了康对新的建筑风格的追求。该建筑于 1953 年竣工，对美国美术馆和博物馆建筑具有革命性意义，被认为是超越了现代主义的不朽杰作。该建筑坐落在哥特式建筑林立的耶鲁大学校园中，由混凝土和砖构建而成，面向街道呈现出无窗的立面，设有开放式的内部空间与灵活分区的画廊，蜂窝状的三角形混凝土天花梁板上巧妙地布置了空气管道与灯具，三角形的楼梯间将光线从上空引入，使原本就极具风格的建筑具有了一层宗教意味。

1957 年后，康任职于宾夕法尼亚大学建筑学，至 62 岁时，康在宾大设计并建造了理查兹实验室。康很少造高层建筑，他不喜欢高层建筑中免不了要应用的钢结构。他偏爱混凝土，喜欢它的可塑性，以及它具有的自然性质。尽管该建筑饱受功能问题的争议，但它仍然是建筑师们的打卡圣地。该建筑简洁而雄伟，玻璃、砖块与混凝土的构成关系和建造技艺结合在一起，相互衔接又相互作用，优雅又灵动。随着这座大楼的建成，康开始收到全世界的佣金与邀请，每个人都想让康为自己设计出心中的那座建筑。康接下来的建筑便是萨尔克生物研究所，这座位于拉霍亚最美的海岸和悬崖——多利松平台（Torrey Pines mesa）的古典理性与现代主义纪念性完美结合的建筑，同样是建筑史上的经典。发明小儿麻痹疫苗的萨尔克博士通过朋友介绍认识了路易斯·康，他希望康能建造出这个世界上最美丽、最让人惊喜的研究中心。同是犹太人，相似的移民背景让二人对空间和人的体验有着相似的看法，他们深信宁静的景观、壮美的自然是提升人们创造力的有利条件。这个没有一棵树的广场，像是一个面对蓝天的立面，带给了周边建筑安静祥和的氛围。广场上的水道在视觉上似乎将广场朝着大海的方向延伸而去，起点处的水流声，则是另一个层次上空间和自然之间的对话。

73岁那年，路易斯·康终因体力不支，在宾夕法尼亚车站突发心脏病去世。康的晚年生活惨淡，却将所有精力用于对建筑设计的研究中。康晚期的项目一直处于亏损状态，他不断改图，不断聘请顾问和结构工程师，力求建筑上的极致。直至去世时，他留下了6000多张图和40多万美元的债务。康用一生追求完美，却把自己的生活过得一塌糊涂。

康创造了一种不朽的、整体的风格，在很大限度上，他的厚重建筑并没有隐藏它们的重量、材料或组装方式。路易斯·康的作品被认为是超越现代主义的不朽之作。他一生留下的建筑作品不多，尤其是大型公共建筑屈指可数，但他的建筑作品一直受人敬仰，他的关于光与永恒的话题将继续被人们讨论。

金贝尔艺术博物馆

凯·金贝尔（Kay Kimbell）是一位工业家、艺术品收藏家，也是金贝尔艺术基金会的创始人。1935年，金贝尔和他的妻子维尔玛·富勒（Velma Fuller）成立了金贝尔艺术基金会，之后的几十年里，这个机构收藏了众多古典主义绘画大师的艺术作品。1964年，金贝尔及其妻子去世，基金会决定建造一座博物馆，展示相关的重要作品，延续金贝尔夫妇的遗志与艺术追求。该基金会的董事理查德·布朗（Richard Brown）先后走访了密斯凡德罗、皮埃尔·内尔维、马塞尔·布鲁尔等知名建筑师，最终将设计交给对空间与光线拥有极致追求的路易斯·康。委托合同于1966年10月6日签订，路易斯·康与当地的建筑和工程公司Preton M. Goren Associates进行了近三年的设计创意与施工图磨合，直到 1969 年 6 月 29 日博物馆才破土动工，1972 年 10 月 4 日正式开放。康为金贝尔夫妇的艺术藏品打造了一座举世瞩目的艺术圣殿。

我的脑子里充满了罗马人的伟大思想，那拱深深地刻在我的脑海里，虽然我不能借用它，但它总是在那里随叫准备着。而且拱似乎是最好的。我意识到，光必须来自一个最高点，最好在它的顶点。拱顶并不高，不是庄严肃然，而是与个人的身材相称。我想到了家的感觉和安全。

——路易斯·康

金贝尔艺术博物馆的建成时期是现代主义建筑思潮的成熟时期，在经过"功能至上""理性主义"洗礼后，路易斯·康希望将博物馆打造成一个可以使人沉思并能够平静地展示艺术品与环境的空间场所。他试图在建筑与周边环境之间建立一种和谐的艺术关系，并强调场地与自然之间的极致布局和联系。金贝尔艺术博物馆向世人展示了建筑中人性的光辉和诗性的力量，路易斯·康也因此被称为"建筑诗哲"。全世界的建筑爱好者与康的追随者纷纷来此朝圣，试图在 silence（静谧）和 light（光明）[1] 中寻找大师足迹。

金贝尔艺术博物馆位于沃斯堡文化区的中心，与之遥相呼应的是伦佐·皮亚诺[2] 设计的金贝尔博物馆新馆，后方是安藤忠雄设计的沃斯堡现代艺术博物馆。这座建筑的对称轴与街道平齐，设计师在规划之初便清晰地意识到，车行与人行动线之间的分离，将为未来博物馆建筑场域的纯粹性控制提供绝佳的选择，因此在建筑的周边运用了大量植物与沙池，营造场域环境静谧的氛围。路面与草坪的交接由与建筑相同的洞石进行分界，石材的比例精致，与主建筑的

---

① 罗贝尔.静谧与光明：路易斯·康的建筑精神[M].成寒，译.北京：清华大学出版社，2010：01.

② 伦佐·皮亚诺（Renzo Piano, 1937— ），意大利当代著名建筑师。1998 年第二十届普利兹克奖得主。因对热那亚古城保护的贡献，他获选联合国教科文组织亲善大使。

温暖的米灰色遥相呼应。倒影池的设置将博物馆起伏的拱券式的屋顶倒映在水中，水池的深度在 2 英尺以下，声音会很柔和，增添了场域的宁静感，与周边的环境融为一体。

在抵达建筑周边时，需经过内部的道路从建筑的侧方逐渐向主建筑行进。由主干路到建筑的甬路，再到建筑的入口，需要经历横—纵—横三个方向上的转向。也就是说，其动线关系在抵达建筑的主入口时将进行 90° 的旋转，这与绝大多数纪念性建筑如故宫、大都会博物馆、卢浮宫博物馆等中轴对称的建筑布局方式不同，在建筑周边的任何一个角度都看不到博物馆的主入口，给人的是纯粹的关于空间的理解与体验，这反而增加了金贝尔艺术博物馆隐匿超然的气息。

×图 9-1　由混凝土与石灰石构成的艺术博物馆

混凝土和石灰石的结合使建筑成为一个整体——当然不完全是这样，因为我们想通过材料的使用来体现建筑的结构：混凝土总是结构性的，石灰石总是填充性的。

——路易斯·康

金贝尔艺术博物馆建筑面积 11148 平方米（约 120000 平方英尺），单层设计，整体平面呈"凹"字形平面分布，由 3 个侧翼，5 个拱形画廊，16 个 30 米长、6 米宽的矩形空间平行排列，中间的间隔为 1.8 米，形式上类似于由水泥仓库的建筑单元连接而成。受博物馆展览空间及光照要求影响，建筑的立面几乎看不到玻璃开窗，简洁而富有量感的建筑空间直接展现在参观者的眼前，具有厚重的场域传达和纪念意义。博物馆建筑坐落在一处基面呈坡地布局，周边又处于一个平面的地块之中，主建筑采用平行排列条形单元分布，内部以功能性为前提进行打通与重组，以适应不同的展览空间和办公需求。

入口处是一片由人工修剪而成的方形树林，树木被人工修剪至 5—6 米高，相对统一的几何形，刚好将建筑的立面在视觉上进行遮挡，留出了拱形的曲线造型。这片树林实际上位于建筑的主轴，入口的正前方，与街道平齐，颇具仪式感。穿过树林，由镜面的水景联系树木与建筑的基面，拱壳结构分布在建筑的两侧。由于只有靠近建筑的立面是砌有洞石的墙体，因此此处的空间功能更像是在建筑的左右两侧设置的步行连廊。从建筑外露的结构中，我们可以看到长 30 米、宽 6 米的巨大拱壳实际上是由 4 根约 80 厘米见方的柱子支撑起来的，使置身现场的参观者无不为建筑师对建造结构的精准把控和异于常规的空间构念所震撼。混凝土的梁柱结构和非承重的墙面洞石有着鲜明的对比，使建筑的外形彰显出更加简洁与纯粹的质感。穿过长拱，不远处是被树林阻隔并向内延伸的入口，参观者可以在自然光与微风下感受建筑的灰空间带来的场所精神。在"凹"型的入口处，同样由拱壳结构构成了类似于雨搭的灰空间，透明的玻璃直观地向参观者展示了建筑内部的博物馆空间。

× 图 9-2　金贝尔艺术博物馆前厅

×图 9-3　金贝尔艺术博物馆古典艺术展厅

The sun never knew how great it was until it struck the side of a building.

×图 9-4　金贝尔艺术博物馆内部空间展厅

　　功能性在博物馆内体现得一览无余，主入口将建筑分成左右两翼，每个翼的功能简洁而纯粹。西翼服务于特定的博物馆行政办公室；东翼涵盖的是教育和图书馆设施，被称为"摆线的中央穹顶"。专门限定的展览空间是艺术与建筑的融合。一层公共区功能属性为展览空间、商店、餐厅和图书馆。这种序列化的转换和组合策略将博物馆的服务动线与参观者动线分开，带给人们的是更加纯粹的空间体验和视觉享受。康与博物馆馆长理德·F.布朗密切合作，以确保该建筑设计能够增强整体艺术的展示和审美品位。

　　进入建筑内部，天顶灯从半圆的顶端洒下柔和的光线，使整个大厅透出一种温暖、静谧的气氛。柱子规则地把平面划分成一个个长方块，每个长方块上顶着一个横截面是半圆蘑菇状的预应力混凝土顶。自然形成的一个个展览空间，加上灵活布置的隔断，给人以幽深迷离的效果。事实上，平行系统的动线关系在展览空间中设计难度较大，但康将矩形单元之间灵活地打通，并将两个小庭院设置在空间内部，使参观者丝毫不会感觉到空间单调和乏味，反而有了一步一洞天的层叠变化的空间体验。

× 图9-5　位于博物馆负一层的信息中心

× 图9-6　金贝尔艺术博物馆简介

　　路易斯·康在金贝尔艺术博物馆中运用了多种材质来创造永恒而优雅的建筑美感。主要的建筑材料是混凝土，对混凝土的质量与硬度有着极致的要求，因此我们可以看到类似于石材的拱形混凝土建筑扎实而充满力量。其次是石灰石——类似于洞石的一种理石，与混凝土坚硬稳固的材料特质遥相呼应。建筑内部及周边的历史切割经过精心设计，使拼接处理呈现出良好的秩序感，为材料在建筑中提供了连续性和流动感。橡木色的家具与墙壁镶嵌板营造出自然而然的温暖的空间氛围，柔化了坚硬的空间属性。当然，康最为重要的空间元素，仍然是其最引以为豪的光。正如协助路易斯·康建造孟加拉国会中心的建筑师萨姆苏·维尔士所言："We feel all the time for him."（我们能够永远感知他）这是一种很艰难的思考方式，也是很奇妙的空间旅程。金贝尔艺术博物馆以弧形为母题，表现了康对建筑结构与光线相结合的探索。在建筑的最顶部，整条开窗使光线由弧形的顶部经金属纤维构成的倒 U 型构件进入室内，经过金属纤维的过滤，强烈的阳光变得平静而柔和，不经意间流露出一种永恒的美，让人不由得感叹这座建筑绝对经得起"光的献礼"这一评价。经过两次弧形漫反射的光充盈在室内的每个角落，使厚重典雅的空间属性变得轻盈而通透，置身其中的参观者仿佛沐浴在光的容器中。康最大限度地利用建筑结构将空调管线、展墙的机械系统和人工照明系统统筹设计，所以在参观者看来，空间环境绝对整洁划一，可以尽情地享受光与空间带来的体验。极简的空间环境对人的心理造成了极大的震撼，唤起了一种让人敬畏和沉思的空间氛围。

　　在路易斯·康看来，空间是建筑的载体，一切建筑构造始于对空间的使用考虑。金贝尔艺术博物馆的展品以古典绘画为主，承载着文艺复兴时期的印记，因此建筑师在博物馆的形式构成上采用了带有古典主义比例的拱顶结构。这与古典主义建筑如帕特农神庙的建造逻辑与构成语汇一致。金贝尔艺术博物馆的每个拱顶之间的长与宽比例均为 5:1，同时这个模数被反复使用到所有空间细节中。因此，参观者可以直观地感受到精致的数学比例关系在整个建筑空间环境中的延续。博物馆的动线组织在极大限度上考虑了参观者在探索艺术藏品过程中的自主性与空间感受，创造了亲密以至于与展品融为一体的空间体验。

×图9-7 阳光庭院

　　建筑的空间内部由一个较大的方形庭院和两个小庭院构成，与外界自然相接。这三个庭院由展厅与展厅之间的墙与玻璃围合而成，减少了极端气候对人的影响，参观者可以穿过玻璃门，来到户外，这是一小块平静的绿洲，可以与自然同呼吸，也是一个聚会的场所。由室内到室外，再到室内，光的表情随着人们的空间感受发生着变化，让人们对建筑与自然的关系产生了深刻的思考。在人造的建筑环境中，设计者引入了一天中丰富而变幻的光线，使参观者于空暇处放空自我，并与自然相连。在较小的一处庭院中，建筑师设计了一处流水，这并不是传统意义上的喷泉，却能让人在平静处得到一丝清凉。路易斯·康将它们标记为绿色的庭院、黄色的庭院、蓝色的庭院，以光之名，向天空开放……

　　从大厅的左手边进入的是礼堂空间，建筑内部同样以制式结构出现，为一个拱跨 6 米外加中间过度的 1.8 米的宽度。由于此处向下延伸至地下一层，使得空间的比例关系更为高挑，目前的功能主要为学术报告、影片播放，因此建筑顶部的长条形采光并没有打开，而是在金属反光槽下方构架出人工照明，让室内的光线变得可控。在墙壁与拱壳的连接处并没有像建筑的其他部分以透明的弧线长窗引入自然光，而是附加了一层红色的玻璃，使原本沉闷的报告厅变得富有激情。四周的墙壁仍然以大块的石灰石作为填充，天然的理石所承载的时间沉淀在有限的空间中向内聚集，平整的墙面没有一丝瑕疵，在温暖的光线下展现出原始的质感，让人不禁感叹自然的力量和人类建造技术的伟大。

× 图 9-8　金贝尔艺术博物馆报告厅　　　　× 图 9-9　路易斯·康早年与金贝尔艺术博物馆珍
　　　　　　　　　　　　　　　　　　　　　　　　　　　贵的合影

非常幸运的是，笔者在美国访学期间与路易斯安那大学拉法叶分校的师生在建筑考察课程中与 W.Geoff Gjertson 教授一道进入了金贝尔艺术博物馆纪念品商店镶嵌板背后的建筑空间。据博物馆的工作人员讲，这里曾经作为图书馆空间使用。此处与纪念品展柜、木质的背景墙结合在一起，亦如周边的空间感受，宁静而和谐。书籍与纪念品展柜框架及柜板的比例有着精致的秩序关系，展柜与展柜之间的尺度较为宽松，使进入到空间内的人们可以在此自由交流。这里的地铺同样由米黄色的洞石完成，大块的石材铺于中间，窄条的石材镶嵌在周边，这样的构成关系与立面的展柜和背景墙相得益彰。

×图9-10　隐藏在镶嵌板中的办公空间入口

背景墙的门禁设置在面与面的转角处，刷卡后便可以在镶嵌板的背景墙上找到有门把手的一处，打开便进入到内部空间。如果没有内部工作人员指引，博物馆内的参观者几乎不可能留意到在如此整体而协调的背景墙镶嵌板后方还有如此宽敞而神秘的巨大空间。建筑的内部作为图书收藏和办公功能出现，尽可能少地对空间进行改造，其间展示了金贝尔艺术博物馆的模型、节点和当时立面的手稿。如果不是亲眼所见路易斯·康精美的图纸与充满想象力的手稿，很难理解为何他的建筑如此卓越，其空间能够呈现出如此独一无二的品质。在建筑建造过程中留存下来的一些宝贵照片，记录了金贝尔艺术博物馆的成长，从中我们可以看到康的巨大拱券并不是艺术化的神来之笔，而是在设计过程中运用了圆沿横线移动时产生的轨迹形成的半圆形弧线。这种半圆牢固而优美，充满数学带来的神秘力量。

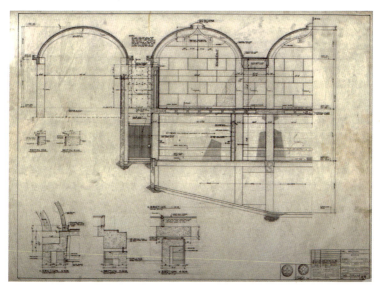

× 图 9-11　金贝尔艺术博物馆立面施工图

　　与以展览功能为主的博物馆空间不同，办公性质充斥在整体空间氛围中，较低的举架使原本纯净而生动的展览空间变得局促，夹层的处理方式也使此处的空间使用以实用为第一要务。正因为如此，我们可以顺着夹层的楼梯而上，近距离观察博物馆的建筑细节，包括楼梯踏步两侧预留的缝隙以及扶手的造型，都进行了细致的处理，于平淡处见匠心。来到建筑相对高处的位置，没错，就是路易斯·康打造的拱形混凝土的顶部！在这个夹层，所有师生都深深地呼吸了一次，仿佛要通过空间与求学时那个自己崇拜的人进行一次命运的对话。夹层的家具延续了博物馆与办公空间的木质材质，温暖而明亮，辅助的人工照明是极为简单的 20 世纪 70 年代的格栅灯，经过 50 多年的岁月，至今沿用。光线从建筑的顶部均匀地洒落下来，视觉的远方——取景框被建筑的立面剪影替代，是一个类似于伊斯兰穹顶的洋葱形的立面，充满异域的神秘气息。玻璃立面的不远处是另一个建筑单元的侧立面———面实墙，仅在建筑立面与顶面的边缘留出了一道弧形的长窗，与这边的落地窗遥相呼应，形成了绝佳的图底关系。康的建筑给人感觉神奇之处在于它并不是刻意为之的形式上的造型，而是由建筑结构决定的需要进行建造的空间造型。

光滑的弧线形墙壁仔细看上去有水蚀的痕迹，是当年预制混凝土浇筑时建筑的印迹。值得一提的是，在楼板与拱券的交界处并不是立面与平面相扣的两个界面，而是留出了一道约 20 厘米宽的玻璃空隙。这条精致的长窗使空间变得生动而轻巧，为厚重的混凝土界面注入了自然光。也正是这条长窗，使建筑的拱壳仿佛飘浮在空中，让空间内部充满了对光线的追寻和对自然的尊重。

在这里，我们可以清晰地看到建筑的顶部与拱形采光顶相扣的金属反射器。这是一整条铝结构的建筑构件，由类似于阳光板的半透明材料作为弧面围合而成。从康的结构分析图中可以看到，直射的阳光需经过四次反射器与混凝土拱壳的漫反射进入室内，被滤掉了刺眼的光波，留给人们的是温和而优雅的自然光。

×图 9-12　楼板与拱圈交界处的细节处理　　　×　图 9-13　近距离接触金贝尔美术馆

在博物馆的立体模型中，我们看到除去一般的展示空间和办公场所，金贝尔美术馆的一层和底层设有大堂、画廊、艺术保护实验室、摄影工作室、车间、仓库和一个用于轨道通道的装卸码头。

金贝尔艺术博物馆是现代建筑永恒的典范，其深思熟虑的设计强调光线在建筑中表达出的量感令人叹为观止。同时，其与周边自然相融合的设计理念、对人本精神的关照，使其成为沃斯堡、得克萨斯以至于全世界最为重要的文化地标，吸引众多艺术爱好者和建筑设计师前往。而路易斯·康最杰出、最持久的贡献，便是激发了人们对建筑与空间的信仰，他尽可能地鼓励人们相信自己的直觉与感觉，将对事物本质的探索变成无尽的追求。

在路易斯·康的建筑世界里，他永远苦苦地追寻实践与理论的统一，一生都在这个世界上创造关于永恒的空间。他告诉我们什么是建筑以及我们周边的世界，也告诉我们建筑可以是我们一直在追寻的"精神"。

拾

沃斯堡现代艺术博物馆

Modern Art Museum of Fort Worth

× 图 10-1 沃斯堡现代艺术博物馆

美国得克萨斯州的沃斯堡市是一座历史悠久且拥有丰富人文底蕴的大型城市，在这片丘陵起伏、海拔较高的区域，畜牧业和石油业的多年发展，让这里成了美国西部文化的发源地。随着美国经济的腾飞和工业力量的崛起，进入 21 世纪，无数科技型企业逐渐在这片热土上落户，使得沃斯堡市成为全美四大都会区之一。沃斯堡现代艺术博物馆随着时代的兴起也在不断更新改建。博物馆的前身是当地最大的公共图书馆和艺术画廊，早在 19 世纪时就由当地政府兴建，1892 年作为当地著名的文旅项目开始服务于大众，在相当一段时间内，博物馆经历过多次名称的变更和职能的翻新，直到第二次世界大战之后博物馆的主要使命才变成负责收集、展览第二次世界大战以后各个国家的艺术品和解读主流媒体艺术相关的发展趋势。翻新让沃斯堡现代艺术博物馆在新的世纪满负盛名。

当地除了拥有丰富的西部牛仔文化遗产，还留有美国在"二战"之后非常具有代表性的大量国际式风格和现代主义建筑。这其中便包括路易斯·康的美术馆名作——金贝尔美术馆、保罗·鲁道夫[①]的住宅设计珍品——巴斯住宅等。由大批为人耳熟能详的建筑可见此地对建筑文化的浓厚色彩兴趣和长期植根于此的建筑底蕴。在这一形式的影响下，沃斯堡市吸引了无数建筑大师在此留下作品，伦佐·皮亚诺、安藤忠雄等建筑师的加入，更为这座西部城市增加了许多当代看点，成为美国西部一座不可撼动的艺术之城。

现如今的沃斯堡现代艺术博物馆是于 2002 年 12 月 14 日经过改建后向民众开放的新建筑，改建工程由日本著名建筑师安藤忠雄负责设计。新建筑位于沃

[①] 作为美国现代主义最重要的建筑师之一，保罗·马文·鲁道夫（Paul Marvin Rudolph, 1918—1997）以他在 20 世纪后半叶对现代主义建筑所做的贡献而为人所知。他曾在耶鲁大学建筑学院担任了 6 年院长，并设计了美国粗野主义建筑早期代表作之一的耶鲁大学艺术与建筑大楼。

斯堡市郊外城市公园的一角，这是一片毗邻城市的自然风景群，为建造博物馆建筑提供了良好的自然土壤。新馆的整体建筑体量包括一栋两层楼的建筑，一大片铺满碎石的水池围绕在建筑周围，简洁的建筑外形使新馆极具现代化特点。该建筑的整体是由5栋平行而建的长方形箱体组成的基本单位，经过重复排列构成。这些长方体有着类似于集装箱的空间感，在整体建筑中，无论从哪个方向看，长短两边的比例都与整个设计相匹配，5个平行的空间相对独立又都紧密地叠合于建筑的整体。建筑的外立面被精心雕琢，裸露在外的部分全部采用混凝土和玻璃结合的双重表层来涂装，显得格外大气而富有科技感。大量现代材料的使用和前卫设计理念的贯穿让改建后的新馆一改曾经的风格，以新的姿态示人。

×图 10-2　沃斯堡现代艺术博物馆内庭院由白钢制成的"枯树"

改建后的沃斯堡现代艺术博物馆让人一下就能看出是安藤忠雄的典型风格，与他以往的建筑形式类似，6000平方米的水池上方漂浮着5个长方体，仿佛与世隔绝一般，简洁的几何形式，自然环境与建筑相融的平衡画面，以及选用种类极少材质的统一画风，都足以让人们认定是他的作品。

作为一名极具传奇色彩的建筑设计师，安藤忠雄的名字早已出现在为人们所了解的他的其他建筑作品中，沃斯堡现代艺术博物馆虽然没有同光之教堂那样的名气，却是对他的风格的一个完美定义和体现。安藤忠雄是当今最活跃也是最具影响力的世界建筑大师之一，在这一盛名背后是一段段不平凡的故事。安藤忠雄所展露出的才华和能力完全来他自身对建筑的喜好和追求，他从未受过正规科班教育，没有系统接受过建筑专业的学习，也没有经过任何大师的传授或是提点。在建筑学中，他根据自己的兴趣逐步摸索，属于自学成才。安藤忠雄年少时家境贫寒，童年时期是在木工作坊度过的，他的成长经历过无数曲折和坎坷。在踏入建筑行业之前，他曾当过职业拳击手，靠着大量劳动维持生计，后来还当过货车司机。不稳定的收入和颠沛流离的生活，使安藤忠雄经历了无数打击和磨炼，在之后的时间里他利用拳击比赛赢得的奖金，前往美国、欧洲、非洲、亚洲旅行，顺便观察各地独特的建筑。在那段时间里，他对建筑产生了浓厚的兴趣，慢慢地建筑变成了他认知世界的窗口。后来他通过自学和实践成为一名建筑师。他早期的作品住吉长屋令这个本来名不见经传的拳击手顿时名声大噪，在日本迅速成为建筑界脍炙人口的人物。20世纪90年代后，安藤忠雄开始参与公共建筑、美术馆建筑等计划，积累了大量经验，也开始逐渐展露出他的才华。在这期间，他不遗余力地将自己投身于建筑行业，通过建筑语言传达他对空间的构想，最终形成了一套属于他自己的设计理念体系。在30多年属于自己的岁月里，安藤忠雄沉浸于创作和挖掘建筑的美，创作了近150项国际著名的建筑作品和方案，获得了包括建筑界有诺贝尔奖之称的普利兹克奖①等在内的一系列世界建筑大奖。这段从平凡到不平凡的经历深深地植根在他的建筑中，他的每一个作品都凝聚着他的心血。

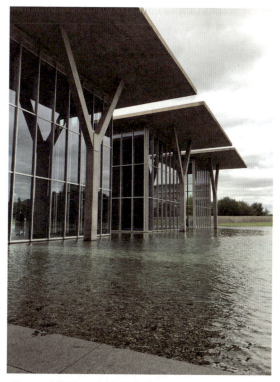

×图 10-3　自然元素——水在安藤忠雄建筑中的运用

① 普利兹克奖（The Pritzker Architecture Prize），又名普利兹克建筑奖，是由杰伊·普利兹克（Jay A. Pritzker）和妻子辛蒂发起、凯悦基金会赞助的于 1979 年设立的建筑奖项。普利兹克奖是建筑领域的国际最高奖项。

安藤忠雄的建筑生涯向人们展示了他独特的设计理念及独树一帜的形式风格特征，留下了包括光之教堂、水之教堂等众多广为人知的作品。谈及他的作品，人们普遍会联想到几何形体、朴实的水泥材质，以及随处可见的自然元素。他的设计理念源自对材料、几何、自然三者的提炼和高度的抽象概括，他曾经说："人心很难居住在这个数字时代，我想建造的是能让人心扎根的地方。"感受心灵的美，创造适合精神栖息的建筑是安藤忠雄从事建筑行业以来最大的理想，也是支撑他获得如此成就的初衷。在30多年的建筑生涯中，他一直致力于为人们的心灵提供舒适的港湾，创造属于人类需求的理想国。也许是因为多年的漂泊和打拼，独自的刻苦钻研和游历世界的所见所闻，他才会更加希望艺术的表现形式能够质朴到直击心灵，他的努力开创了一套独特、崭新的设计语言，让人们每每提到他都仿佛能幻想出那个励志的坚定的身影，和那些让人心驰神往的仿佛能平复一切情绪的建筑。

对安藤忠雄来说，建筑是人与自然沟通的媒介，他的作用不过是架起二者之间的一道桥梁，因此他设计的建筑大多数都以清水混凝土和几何形状为基础，两种最朴实的材料能够作为人与建筑关系的基点，几何形状能够用最简单的方式区分出空间的概念。他颇具创造性的思维将西方包豪斯式几何形状的简洁外观与日本东方建筑美学相结合，利用功能性与观赏性巧妙制衡，达到一种静态的美。他将西方的功能至上的简洁模式进行提炼，做出质朴裸露的工业感，又将日本传统文化优雅含蓄的一面充分发挥，融入每一件作品的形式和内在的建筑语言中。在往后数十年的创作里，他不断重复地再现住吉长屋的风格，仿佛每一次设计都是对自己第一次创作的深入与升华，不断地反复再现和修正节点，让他的作品仿佛在现代城市中营造出了一个乌托邦一样的世界。在他设计的建筑中，视觉上的安逸让人仿佛已经与世隔绝，使人们的生活重新回到大自然的怀抱。

为了营造理想中的建筑方式，他将最原始的材料定义为最可靠的材料。这些原始材料通常是其他建筑师试图极力掩盖的水泥材质，或是没有刷油漆毫无粉饰的原木等物质，在这二者涂装的基础上，再利用纯粹的几何形体达到一种共鸣。这两种方式的结合成为他设计的建筑的基础和框架，展现在世人面前的永远是那个纯粹的毫无多余细节的艺术品。脱离了材质的基础，所谓几何形式框架可能更像是一个主观的臆想，像是一个可以随意摆动任意附着的精神内核，当这个几何形状在建筑中显现，整个建筑的空间就会围绕着这个外形并随之生长，慢慢地编排进几何形体中构成建筑整体的外形，同时成为周围环境景色的幕布，在视觉上引领精神层面的融入。

除了依靠材质和结构，安藤忠雄对自然的理解也有着独到的看法。他所谓自然，并非泛指植栽化的绿植概念，或者是与自然融合的艺术形式，他理想中的自然，是指被人工化的自然，或者说是建筑化的自然。在人为作用的改善和调整下，产生附着于建筑的自然，这种自然形式虽没有融合的亲近感，但毫不突兀，界限感也不强烈，如同建筑的特殊部分一样，为建筑服务，为自然理念服务。同时，光、水、风等自然界的元素也是他非常重视的建筑因素，因为在建筑中移动的不仅仅是人们的视野，也可以是从不同角度投射转移至各个区域的光，人们可以借由光的影子去感受空间的疏密和层次分布，或者通过光的强弱感受直接的或是疏远的空间感。强烈的光让人感觉神圣重要而不可逾越，松散的光让人感到惬意舒适而更适合融入。光、水、风的感受可以更直接地体现出自然与建筑的对立和统一关系。通常情况下，能够直击心灵的撼动人心的建筑不仅仅局限于视觉，风、光、水等自然元素与建筑的有机融合也是必不可少的条件因素。通过形式和构造将建筑先融入自然，再通过自然元素的再营造，制造出相对独立的自然环境，足见安藤忠雄在这方面的思考与用心。最基本的材料、最简洁的几何形式与光影水系最简洁的设计语言，让建筑回归自然而高于自然。

×图 10-4　暴露在建筑外部的"Y"字形结构支撑

　　对光的执着和对大型空间静谧空旷形式的探索，源自安藤忠雄在青年时一次在大阪旧书摊上初次触及勒·柯布西耶的著作，他在临摹和解析勒·柯布西耶的作品时，一次又一次地被勒·柯布西耶对空间的把控所震撼，那些颇具力量感的水泥风格的建筑，和光影对空旷庞大室内的填充，深深影响了他初入建筑行业的萌芽思维，他最初的建筑理论和空间思维也因此逐渐向这种形式靠拢。面对当时西方成熟的建筑理论，安藤忠雄果断地将这些舶来思维进行提炼，他认为建筑的空间可以为人们汲取力量、产生力量，这一思维与勒·柯布西耶的建筑理论极其类似，因此他的建筑作品都具有较高的辨识度和一种来自形式上的规整明确近似于强大秩序一样的压迫感，既望眼欲穿，又具有较强的观赏性。他将清水混凝土材质融合交替的理念，更是对勒·柯布西耶设计元素的一种传承，在此基础上，安藤忠雄又添加了更多元素来突出对空间的表达，用光线来操控深度，不再用单一维度来划分空间关系的强弱，有光的地方就会有影，光与影的协调在一定程度上对室内环境起到了中和。他认为任何建筑都不能脱离光影而存在，就像他曾说的那样，"一个人真正的幸福并不是待在光明之中，而是从远处凝望光明，朝它奋力奔去"。精神上的指引驱使着他在设计上的更新，光的力量和建筑的秩序打开了通往他设计语言的大门，两个本来孤立不相干的元素在他的脑海中结合，进而形成了整个建筑空间，属于他的乌托邦就此诞生。

　　安藤忠雄的这些设计语言在沃斯堡现代艺术博物馆的设计规划中一一体现，他结合西方的设计观念，将日本传统文化中对朴实溯源的天然观融入其中，使得那些被赋予精神化的建材，如水泥、清水等从形式到内在都被扣上了返璞归真的烙印，如同日本精致的餐食致力于追求对原汁原味的表现一样。在沃斯堡现代艺术博物馆中，大量裸露空白的水泥与地面清水的倒影，让人感叹来自朴素材料而产生的空间特性，这一属于安藤忠雄本人的建筑特点，从他的成名作住吉长屋一直沿用到之后为人称道的光之教堂。清水混凝土一直是安藤忠雄最中意的材料，长期以来他的这类作品让人们更亲切地称呼他为"混凝土诗人"。

×图 10-5　建筑外部给人带来深邃而神秘的气息

在建筑领域拥有长久历史的混凝土，在安藤忠雄的设计下变得不再老气，这个可以追溯到古罗马时代的建筑造物，在科技水平高速发展的今天，是无数建筑师试图掩盖的老式产品，但在安藤忠雄的眼中却是对建筑最本质的传承。来到他设计的博物馆，那一片片高级灰幕墙与水面组成的画面，仿佛是对混凝土材料最好的致敬，那种踏实坚固的厚重感，给人带来的情绪的安定和朴实的质感，是其他材质所无法比拟的。这种踏实的视觉效果并不是简陋地对混凝土进行随意堆砌，安藤忠雄对混凝土的质量要求很高，对混凝土的密度要求非常严格，这样的要求使得材料的配比极为严谨，为其日后的建筑质量提供了有力的保障。

除了一贯的设计风格，沃斯堡现代艺术博物馆的名誉地位意义非凡，这是安藤忠雄于 1997 年受邀参与国际竞图的获奖作品，当时选址的地点是沃斯堡市郊外的城市公园，大批著名的博物馆建筑都落户于此，这片 44000 平方米的大型公共建筑群，堪称博物馆建筑界的好莱坞。受邀设计沃斯堡现代艺术博物馆时，路易斯·康设计的金贝尔美术馆就坐落于它的旁边，这给安藤忠雄这位亚洲建筑师带来了很大压力，因此，如何处理与这栋现代经典建筑之间的关系，在有限的条件下突出自己的设计主题，以及如何赋予这座公园和城市形象的区域性格，成了这个竞图的主要问题。

在经过了大量实体考察和分析后，安藤忠雄开始尝试与路易斯·康的作品对话，他从金贝尔美术馆中提炼出简洁清晰且具有深度感、节奏感的空间特征，对这些感觉加以利用，并且尝试将这些感觉体现在自己的作品中。面对体量庞大、环境复杂的城市公园，安藤忠雄构建出了一个整体性、包容性极强的建筑群，让这片公园无论在哪个区域都能感受到艺术的存在，于是提出了"艺术森林"的构想。有了这个明确的思路后，他开始逐步丈量规划，最终选择创造一个绿树掩映、水系环绕的幽静空间，让建筑置于这片自然之中。他将并列的 5 排由玻璃材质包裹的混凝土长方体作为原始建筑量体，围绕着这一主体开始构建出博物馆的全貌，最终将长的两排长方体块作为公共空间——大厅使用，短的三排用作展示空间，成为博物馆收纳藏品的部分。

×图 10-6　由混凝土结构连接建筑与室外景观

　　在对环境的规划过程中，最初的设计是以创造一个处于沙漠深处与世隔绝的沙漠绿洲为主题。安藤忠雄首先从建筑外立面下的水池和与环境匹配的绿植着手，在博物馆东侧的空地上规划大量人工水系，而邻近交通枢纽的道路两侧则栽种大量自然气息浓郁的人工绿植，进而塑造出绿树掩映、水系清澈的空间环境。这种沙漠绿洲似的建筑体量与公园整体环境相容，却又在周围环境中形成了人为的核心地位。

在建筑施工过程中,安藤忠雄经常到现场去实地检查并与负责人耐心沟通。他是一个极为严谨的人,尤其对建筑材料有着日本大和民族特有的那种细腻与执着,他总是亲自检验混凝土的配比,因为他认为这不仅会对质量产生影响,不同的配比还会让同样材质的质感产生差异。他执着的追求和细腻的思维让很多工人对他产生误解,认为他过于苛刻,于是他特意从日本调来了一群曾经受雇于他的建筑工人,征召了一批同样严谨的工作人员,来向当地建筑行业展示严谨标准的重要性。面对建筑结构,他的严谨性丝毫不落于他对材质要求的下风,他执着于将误差单位精确到毫米以下,甚至不能容忍任何数据上的差错。安藤忠雄用他那种日本大和民族特有的严谨谨慎要求着自己,也要求着他所设计的建筑,在最大限度上保证建筑体量与使用材料材质的完美贴合,让沃斯堡现代艺术博物馆的每一个细节都恰到好处,每一个角度都精确至极。混凝土配比的精确要求,让大片幕墙呈现出高级灰色调,而不是粗糙的水泥样式,最大限度地利用混凝土的材质保证了参观者的视觉享受。

安藤忠雄对混凝土材质的期待,与众多现代主义建筑设计不同,他希望表现出的混凝土形式,是经过细腻打磨而呈现出的一种类似于丝绸质地的光滑的水泥面,而不是十分粗糙的不加粉饰的原始外表,经过美化加工的混凝土完全具备了装饰性能力,以至于墙面看起来并不像是混凝土幕墙,而像是一种高档漆料的涂装,但这种涂装却展示着那种朴实简明的特点。他的这项过人之处,或者说标新立异的想法,仿佛是对混凝土庄严肃穆感觉的一种膜拜,将一种类似于宗教崇拜式的设计感掺杂在材质中,达到一种望而生畏的高级感。

这种对混凝土细腻精致程度的追求,与来源于日本大和民族本身的文化特性是息息相关的,优雅含蓄、精益求精以及教条严格的克己心律是日本传统文化的集中体现,这些文化属性也集中反映在安藤忠雄对材料材质的选择与铸造中。克己心律这一思想体现的就是在材料的运用与选择中,构建出简洁静谧的效果；而优雅含蓄、精益求精则反映在对材料本身质感和精细质量程度的加工上，进而产生恰到好处的和谐美感。

×图 10-7　玻璃幕墙与混凝土结构支撑形成挑空空间

通过汲取传统文化的养分，安藤忠雄摸索出了属于自己的符合民族文化特点的建筑材料，但是作为一个游历过世界、拥有开阔视野的新时代建筑师，安藤忠雄不甘于只是赋予作品以日本传统文化精神，崇拜勒·柯布西耶的他还想要在自己的设计中添加欧美现代主义的设计方式与设计语言，于是他认真研读勒·柯布西耶的几何形建筑理论，并最终在自己的设计中加以利用。

安藤忠雄和勒·柯布西耶都认为要解决建筑难题，必然需要在几何形式上谋求突破，于是安藤忠雄开始追求几何形体的原始构造，并且用它们构成形式上的纯粹空间，这一设计理念完全遵循了几何形体的秩序感。将圆形、方形、三角形、梯形等经过包裹和整合建立起建筑的轮廓，从建筑外观来看，这样的设计没有复杂华丽的外形，高挑夸张的结构与基本形式都是婉约、安静的，这种沉寂的美感在极大限度上复原了包豪斯少即是多的精神内核，又与日本民俗文化审美特点充分结合，可以说这两种思维模式从出现开始就注定要走到一起，二者的匹配程度也是它们应用在建筑中的最好归宿。安藤忠雄利用自身的有利条件将几何体块有机结合，通过嵌入与交叉，将沃斯堡现代艺术博物馆从错综复杂的几何构成中提炼出了和谐的美感，使每一个长方体空间中都蕴藏着严谨的节奏与秩序。

早期的日式建筑风格和一些浮世绘①设计元素，都呈现出新艺术运动时的姿态，大多崇尚自然并追求行云流水的感觉。随着日本明治维新和世界现代主义思潮的兴起，日本的建筑设计理念开始逐渐接纳工业风，追求简单实用的效果，向舒适耐用靠拢，在这一进程下，许多设计师开始逐渐与自然元素拉开距离。生于新时代的安藤忠雄在游历世界后，发现不能粗暴地剥夺建筑与自然的联系，但也不能返璞归真地过分追求自然的粉饰，因此，他对纯粹的功能主义持一定的批判

---

① 浮世绘是17—19世纪流行于日本的风俗画，主要以木版画的形式存在。浮世绘的性质如同当今的海报或杂志，木版画的批量印制既可以降低生产成本，也可以满足新型市民阶层的文化和娱乐需求。

态度，他理想中的建筑与自然的结合实际上是建筑与自然共生的理念。他主张在有限的空间里，通过风、光、影的结合，创造出"微型的宇宙"这种独立空间的概念。他的设计大量地通过窗户隔断等风效元素来取代空调的位置，通过人工的方式引入自然而不是用机器取代自然、模拟自然。他将室内的空间定义为人与自然连接的媒介，而不是单纯的人类生活的容器和气候的调节器。他对于自然真挚的追求，让他的建筑与环境总能有机结合，经他处理的建筑周边环境并非原始的自然场景，而是经过改造后符合生态环境且美观的景观式自然。

× 图 10-8　沃斯堡现代艺术博物馆中现代主义绘画作品

安藤忠雄也经常引入抽象的概念来充实他简洁的作品，如流淌在建筑周围为建筑提供倒影的清水和随处可见的斜入建筑的光。在沃斯堡现代艺术博物馆周边的金贝尔美术馆，设计师路易斯·康曾提出过光是人间与神祇相互对话的一种语言这一观点，这个观点深刻地影响到了安藤忠雄对沃斯堡现代艺术博物馆的设计，他以一如以往的作风，开始通过光这一理念与金贝尔美术馆展开了对话。设计之初，他就在自己的建筑规划中大量采用自然光，试图用光来展示这些荡漾在水中的几何体块。他对光线的利用得心应手，因为他曾经创造过诸如光之教堂这类久负盛名的建筑，这也是他非常喜欢的表现手法。在沃斯堡现代艺术博物馆中，他更是将光影在水中的折射、自然光进入室内呈现出的色彩与建筑空间进行有机结合，达到了自然光随时间变化和空间随自然光的变化而延续与叠加的效果，使得整座建筑仿佛都在时间的一分一秒里流动。

光影的倒转是世界上五彩纷呈景象的源泉，光代表着希望。在安藤忠雄设计的教堂作品中，他将象征神明的十字架作为光的出发点，通过光赋予建筑神韵。这一表现手法同样被应用在了沃斯堡现代艺术博物馆中，他将棚顶作为采集自然光的源泉，进入室内的光流淌至地面，再通过地面周围的清水，把建筑的倒影反射到人们的视野里，这些微妙的光影，组成一幅直击心灵的光的盛宴，随着时间的流逝，光影会不断变幻。

水是生命的源泉，与建筑一柔一刚的结合，让整体环境成为一个和谐的富有诗意的恰到好处的空间。沃斯堡现代艺术博物馆就仿佛是坐落在水上一样，相互交叉的几何体块倒映于水面，如同构成了建筑别具特色的底座，水中的倒影与建筑本身遥相呼应，让单一的几何建筑出现了边缘的朦胧感，同时也模糊了建筑与周围自然的边界区别，增加了建筑与自然的亲近感。这样的设计如同闹中取静，合理地回应了最初沙漠绿洲的设计主题，当人们接近博物馆时，仿佛整个空间都远离了喧嚣的都市，静谧的感觉让人仿佛与世隔绝，环境的变幻与周围的一草一木紧密相关，俨然是一片独立的净土。

×图10-9　沃斯堡现代艺术博物馆展厅内部的弧形吊顶

地处得克萨斯州的沃斯堡现代艺术博物馆之所以有着沙漠绿洲的设计理念，与这里严苛的气候条件是分不开的，安藤忠雄利用混凝土作为建筑的主体材料，除了可以满足建筑形式的要求，还可以有效地承载起保护建筑结构和质量的作用。在沃斯堡现代艺术博物馆的施工过程中，安藤忠雄发现由玻璃和混凝土双层附着的外包方式，比常规的包裹在混凝土内的玻璃窗材质的透明性更加清楚。混凝土和玻璃的两层建筑外立面空间所形成的空间效果，类似于日本传统建筑中檐廊空间，既是室外也是室内，没有一个属于二者的客观定义，这样的空间在内部可以通过视觉感受到室外的自然环境，在外部的游客也能够更直观地感受到内部空间的环境，达到不入室内却如同在室内的感觉。建筑在空间上的转换也让博物馆更加适应周围的环境，一个几何形的博物馆建筑，矗立在一个空旷的自然风景优美的公园之中，这样的场景会使每一面墙壁都与周围产生冲突，但是这些玻璃层灰空间的出现，使得建筑与环境产生了内在联系，原本孤立的空间变得逐渐包容，不再给人水泄不通的感觉，建筑的外观形象也更加娴静、简朴，随着空间定义的逐渐不明确化，刻板的感觉也随之消失，裸露的建筑外部材质更像是对外在环境的开放与融入。

从各个角度看，沃斯堡现代艺术博物馆仿佛都有一种禅意在其中，安藤忠雄的设计之所以总给人们以枯淡、闲寂、幽玄的感觉，是因为他并不以建筑的单一形式为出发点，而是多从建筑内涵和建筑本身所带有的精神内涵出发。安藤忠雄并不是一个佛教徒，也不是对某种信仰有所追求的狂热分子，他所做的设计通常只是在一定程度上通过洗礼式的感应创造出能够直击心灵的造物。无论是朴素原始的天然材料，还是简单明了的几何造型，抑或是清水光线，都是能够更好地让建筑产生禅意的优质材料，他利用这种宗教形态的美，打造出了穿越时间跨越国界的独特魅力。沃斯堡现代艺术博物馆用这种润物细无声的精神内核，警醒着愈发缤纷的物质世界。

　　或许与安藤忠雄的其他作品相比，沃斯堡现代艺术博物馆会显得更加单一，因为那种静谧似乎完全超越了建筑本身该有的形态，置身于博物馆中，感受着人造物所带来的与世隔绝之感，这种禅意侵蚀着每一位驻足这里的人。环顾5座长长的平顶展馆，感受漂浮在6072平方米的清水之上，周围波光粼粼的空灵环境，人仿佛与建筑共生，共同栖息在这片透明清澈的水池之中，在4900平方米的展厅之中，陈列了2600多件"二战"之后的现代艺术品，这使得沃斯堡现代艺术博物馆成为近现代美国最具艺术价值的博物馆之一。博物馆长期陈列着来自巴勃罗·毕加索、杰克逊·波洛克、里查·塞拉、辛蒂·雪曼、安迪·沃霍尔等著名艺术家的3000多幅艺术作品，这些罕见的世间精品配上安藤忠雄本就颇具艺术气息的建筑，可以说是强强联合，为博物馆的声势打下了基础，吸引了无数来此参观的游客。

× 图 10-10　博物馆信息中心

进入博物馆的室内空间，会发现室内外的界限定义因为材质的选择而出现了关联性极强的纽带。博物馆的室内沿袭了室外的形式，仅选用混凝土、铝合金及少量作为点缀的玻璃和岩板，这种单一的色调，在视觉上形成了肃穆的统一形式，同时也让连接在外立面下的水池能够更好地通过反射，映射出室内的场景。

葱翠的树林与小山丘包围着博物馆，这正是安藤忠雄建筑作品的典型特色。通过其纯粹的设计，博物馆成了最令世人瞩目的现代艺术品之一。考虑到酷暑盛夏的强烈日照，各栋建筑全都设计了深深的挑檐。为了表现同样也是展示空间主题之一的"光"，安藤忠雄设计了两种自然采光系统，既有赋予箱体空间以特性的高侧光，也有透过聚四氟乙烯膜洒向屋顶的柔光。建筑周围环境优美，一如博物馆中展示的艺术品，在巨大窗户的映衬下，艺术品与展览空间达到了水乳交融的境界。玻璃与水恰到好处地互相呼应，平静的池水倒映出空间，恰如玻璃反射着水面。"将玻璃当作墙壁，就有了实际存在的屏障，它可以作为一种保护罩，与外部分隔开，但从视觉上却没有内外之别。还有从水面反射出的光线透过玻璃照到内部的墙上，使得建筑的边界似有还无。"沃斯堡现代艺术博物馆表现出了建筑师对于边界最细致的关注，他使用混凝土这种材料创造出了一座仿佛漂浮在水池上的建筑物。

×图 10-11　上行楼梯通道

沃斯堡现代艺术博物馆整体采用玻璃外壳，在安藤忠雄的设计中，这里的玻璃墙为实意之墙。这些玻璃墙有两个深意，一个是起冷冻作用，另一个在于从内到外及从外到内的自然转换。步入室内，外侧的玻璃幕墙就转变为内墙，与由混凝土构筑的墙柱结构形成了内外过渡空间，而外侧的墙壁则变成了内侧的墙壁，被混凝土墙壁包围的场地又成了内部空间。

建筑屋顶的光为展品提供了照明，斜面的墙体则使照进来的光不至于那么刺眼，为光起了引导作用。对于博物馆的中庭屋顶采光设计，安藤忠雄用室外采光和室内采光互补的方式满足整个博物馆的照明需求。光线是博物馆设计的关键，尤其是散射与反射的自然光。悬臂式浇筑混凝土屋顶支撑着引入自然光线的线性天窗和通风窗，5 个 "Y" 形柱子高达 40 英尺（约 12.2 米），支撑着屋顶板，成了博物馆支撑脊梁的象征。

×图 10-12　坡地外庭院

　　如果从空中俯瞰沃斯堡现代艺术博物馆，可以发现它的两层结构与周围颇有融入感，屋顶平缓轻盈，其高度与路易斯·康的金贝尔美术馆的拱顶一致，和谐的建筑环境下却构成了完善明确的空间关系，建筑一层是公共空间、临时展厅、教育办公用房，二层则是永久收藏。这些体块在与外部水面及绿化相协调的同时，内部也创造出多样化的空间，并为创造人的精神家园提供了可能。安藤忠雄以一种慷慨大方的姿态迎接建筑物，采用一种更为严肃偏向于新古典主义的入口设计，入口大厅本身就其规模和视野而言，是相当严谨而令人震撼的。这与路易斯·康的设计理念不同，金贝尔美术馆是将入口与建筑融合，低调不张扬，安藤忠雄则选择了更为大气直白的视觉效果和敞开的欢迎方式。两座美术馆同样运用混凝土，但金贝尔美术馆表现的是一种古典建筑，而沃斯堡现代美术馆表现的则是现代建筑，两种风格截然不同，这与两位建筑师所处的时代和理念有根本性的关系。金贝尔美术馆和沃斯堡现代美术馆均坐落于得克萨斯州的沃斯堡，富足的城市拥有相对悠久的历史，高校和其他的文化权利让两座建筑的知名度在设计风格不断改变更新的宏观条件下经久不衰。

　　回到建筑中，清水混凝土上的光起着空间引导的作用，引发了空间的节奏感，室内空间随着外部环境的变化而产生丰富的表情。这种以洗练、平易的方式去表现光空间的手法，表现出建筑师沉稳的设计理性。"只有人类存在，空间才会富有生气。因此，建筑所能起到的重要作用，以及建筑内部空间的作用，都是为了鼓励人与人、人与空间的互动，呈现人与绘画、雕塑所表现出的思想之间的关系，而最重要的还要数人与人之间的交流。"

× 图 10-13 建筑内部中庭主楼梯

　　在 53000 平方英尺（约 4923.9 平方米）的展览空间内，收藏了超过 2600 件重要的现代与当代国际艺术品。其中一件重要作品是草间弥生的《永恒的一瞬间》，这幅作品以其独特的多彩点阵，呈现出一种幻觉般的感觉，象征了时间的流逝和生命的瞬息。另外，博物馆中还展出了莫里斯·路易斯的雕塑作品《潜行者》，这件雕塑以其抽象而独特的形态，探索了人类心灵深处的思想和情感，展现了艺术家对人生诸多层面的深刻理解。此外，沃斯堡现代艺术博物馆还收藏了大师梵高的名作《星夜》，这幅油画以夸张而绚丽的色彩和独特的风格而著称，表达了梵高内心的情感与对自然的独特诠释。这些作品共同丰富了沃斯堡现代艺术博物馆的艺术氛围，让参观者能够沉浸在艺术的世界中，感受艺术带来的深远影响。

×图 10-14　由自然光与人工照明共同影响的极简主义展馆

× 图 10-15　安迪·沃霍尔的艺术作品

安藤忠雄的设计语言和他作为东方设计师特有的人文情怀，以及他基于对现代主义返璞归真的探索，和重塑自然与建筑共生的新定义，是当今时代发展不可或缺的新模式。在艺术的影响范畴内，他的作品更像是对东方文化的传承与发扬，原始元素的运用和简洁造型的建立，将人、自然、建筑重新排列与定义，组成了新模式下的独立建筑空间。这种建筑宇宙包含了如同乌托邦一样的构想，以润物细无声的方式在人与自然之间构成了一种和谐共存的设计语言。沃斯堡现代艺术博物馆的文化意蕴展示出了建筑的美，在当前愈发纷繁的物质文化世界中，静谧禅意的博物馆建筑随着一阵阵喧嚣，在设计之路和艺术之路上展示着自己独特的个性与沉淀。

×图 10-16 混凝土浇筑而成的室外楼梯

纳什雕塑中心

Nasher Sculpture Center

　　纳什雕塑中心坐落于美国得克萨斯州达拉斯市，这座南部之城是一座艺术与文化碰撞的城市，纳什雕塑中心是缔造这一现象级艺术之城不可或缺的一部分。作为美国南部的一颗文化明珠，达拉斯市历史源远流长，拥有多种文化和人文传统，且四季温暖，自然景观宜人，这样的环境为艺术与自然融合的美术馆提供了理想的家园。

　　达拉斯地域文化的多元性，反映在它的建筑、艺术和文化活动上。作为得克萨斯州第三大城市，达拉斯见证了美国西部拓荒时期的历史，因此城市中弥漫着浓郁的开拓精神和先锋文化 [①]。同时，其地理位置靠近墨西哥边界，带有浓郁的拉丁文化风情，让不同于美国其他州的地区特色在建筑、美食和文化传统中体现出来。

达拉斯是得克萨斯州的第三大城市，也是美国第九大城市。这座城市的多元文化深深植根于历史和地理的交汇处，气候宜人，夏季炎热潮湿，平均气温在 30 摄氏度左右，冬季温和宜人，平均气温在 10 摄氏度左右。这一气候特征为艺术品呈现提供了宜人的环境条件。这样的气候特点也赋予了达拉斯独特的城市魅力，让游客能够在宜人的氛围中欣赏艺术作品。

纳什雕塑中心作为当地"招牌"美术馆，不仅是达拉斯的一张文化名片，而且是当地艺术雕塑爱好者的集会圣地，它通过与达拉斯这个多元文化城市的融合，展现了艺术与文化的共融，成为这座城市文化版图上的璀璨明珠。

纳什雕塑中心成立于 2003 年，由当地的艺术慈善家雷·纳舍和玛格丽特·纳舍创建。自成立以来，每年都吸引数十万名游客和艺术爱好者前来参观。这里不仅是雕塑艺术的陈列所，也是举办文化活动和艺术展览的重要场所，当然，除了琳琅满目的艺术品本身，这座承载着无数珍品的建筑容器本身就称得上是一件伟大的作品。这座美术馆以其特有的设计理念和建筑风格，将现代化建筑与自然风光完美融合，为艺术品展示提供了独特而宜人的环境。来到这里，游客们能够感受到文化与自然的交融，领略到达拉斯独特的魅力。

---

①　"先锋派"的艺术特征表现为反对传统文化，刻意违反约定俗成的创作原则及欣赏习惯；片面追求艺术形式和风格上的新奇；坚持艺术超乎一切之上，不承担任何义务；注重发掘内心世界，细腻描绘梦境和神秘抽象的瞬间世界。

作为伦佐·皮亚诺的建筑杰作之一，纳什雕塑中心是他与博物馆建筑的再次深刻对话。起初由雷·纳舍和他的妻子玛格丽特·纳舍提供资金和藏品，以完善博物馆的建设与发展，皮亚诺按照二人的意愿，在展示他们对现代和当代雕塑热爱的同时，用自己的才华为世人呈现了他对建筑艺术的理解。

设计展馆的初衷源自雷·纳舍夫妇对雕塑的深沉热爱和他们对艺术的使命感，他们希望创造一个能够最大限度展示雕塑之美、充分融合自然和艺术的空间。这个愿望成了伦佐·皮亚诺设计的契机。

×图 11-1 纳什雕塑中心

皮亚诺将这个愿景转化为一座融合了现代感和自然美的建筑艺术品。他精心设计了建筑的结构，以使建筑物与雕塑和自然风光交相辉映。轻盈的屋顶、通透的玻璃墙以及室外雕塑花园的设计，共同打造出一个空灵、通透的空间，令艺术品和大自然在此融合。

纳什雕塑中心不仅是一个雕塑陈列的场所，更是一种对现代雕塑和自然美的崇尚。这座博物馆成为艺术、建筑和自然完美融合的象征，展现了皮亚诺对建筑的独到见解、设计理论和他对艺术的深刻理解，让它在众多博物馆建筑中以独特的建筑特点脱颖而出。

伦佐·皮亚诺，这位杰出的意大利建筑师 1937 年 9 月 14 日诞生于热那亚——一个历史悠久的港口城市，他的建筑激情源自小时候对家乡港口景象的观察和他的建筑师父亲对他产生的深远影响。皮亚诺自幼便展现出对建筑的浓厚兴趣，他时常跟随父亲进行建筑领域的研究。在父亲的影响和启发下，皮亚诺进入米兰理工大学建筑学院攻读建筑学。在米兰学习的时光深刻塑造了他对建筑的独特理解，也奠定了他未来创作的基石。

皮亚诺在刚刚步入建筑领域时便大放异彩，他曾在伦敦的建筑师事务所工作，获得了对国际建筑潮流的深刻理解。这段经历不仅丰富了他的设计眼界，也为他后续的作品奠定了国际声誉和基础。他不断磨砺自己的设计理念和技艺，逐渐形成了独具特色的建筑风格——注重与自然融合、轻盈开放的设计。这种风格在他日后的杰作中得到了充分展现，成为他处理建筑中各种矛盾的拿手方式。

在伦佐·皮亚诺的职业生涯中，开拓和创新是他每一个作品的主旋律，也是他的人生信条。他的建筑常常突破传统，融合了对科技、艺术和环境的考量。

他通过创新的材料运用、精准的结构设计和对环境的敏感理解，创造出令人叹为观止的空间体验。这些作品体现了他对可持续性和生态友好设计的执着追求，其中，与他的设计理念息息相关且颇具代表的便是纳什雕塑中心。在对纳什雕塑中心的设计中，他倡导的设计哲学强调"做得更少，但更好"，追求简洁、精致而功能完美的设计。他善于运用玻璃、钢铁等现代材料，创造轻盈、通透、开放的空间，这种设计风格被形象地称为"脱壳建筑"，强调建筑内外的连贯和流畅，以及与周围环境的融合。

他设计的建筑常常以天然光线的最大化利用而著称，他通过精心设计的透明墙面和天窗，将自然光引入建筑内部，为用户创造出明亮宜人的空间体验。此外，他注重环保和可持续性，致力于创造对环境友好的建筑，因此他的作品被赋予艺术品般的美感，具有强烈的人文关怀和社会责任感。

除了纳什雕塑中心、蓬皮杜艺术中心、伦敦碎片大厦这类展馆建筑，伦佐·皮亚诺还涉足诸多其他领域的著名建筑项目，如位于美国旧金山的加利福尼亚科学院加州学术大厦、纽约时报大楼的重建等。每个作品都展现了他独有的设计语言和他对建筑的独特诠释，他设计的不仅是建筑的外观，更是一种对现代生活和人类关系的深刻思考。正是在一次次的尝试中，他的设计理念不断升华，让他的建筑作品不仅获得了国际性赞誉和数个奖项，更成为现代建筑的经典流派之一。

纳什雕塑中心的设计，仿佛诉说着建筑与自然的和谐共舞，5000平方米的建筑和6200平方米的花园如同城市群中的一片绿洲。与纽约中央公园的氛围感类似，花园以不连续的洞石墙壁为界，与街道建筑风格有所不同，从外观可使人联想到考古遗址，平添了一份神秘感。长方形的区域内，展馆连接着花园，与周围城市建筑产生风格上的对比却毫不突兀，如同城市中央的一片点缀，树木茂盛的花园同时还可以作为露天博物馆，让建筑、雕塑、绿植和谐共生，共同存在于城市之中，仿佛整座城市都是它的陪衬与容器一般。这里不仅是艺术的殿堂，更是一座与周围自然环境相融合的艺术品。

× 图 11-2　纳什雕塑中心主入口

皮亚诺以自然为灵感，致力于创造一个能够与周边环境和谐共生的空间。这一理念从建筑中心的礼堂出发，以礼堂作为连接处，室内展馆可以通过礼堂进入室外花园。室内由两层组成：通道大楼有三个展览室、一个办公室、一个会议室和一个商店；下层则有一个单独的空间，用于展示需要避光的作品。在下层的中心位置作为整座建筑连接纽带的礼堂，成为室内动线的终点和室外动线的起点，礼堂连接到花园的露台区域，营造出一个露天剧院。内外交替的展示空间让陈列的形式极为自由，因此雕塑馆可以进行不断的轮换，不断展示新的收藏品，从而激发民众的兴趣。同时，雕塑馆模糊了展示空间室内外的界限，让参观者有了步移景异的新感觉，视觉随着雕塑的延伸，过渡到空间的换位，参观者在欣赏雕塑的同时，也有一种游园之感。

皮亚诺处理雕塑馆建筑的革新之处在于他告别了以往的展台射灯的陈列方式，在室内以石洞作为隔断将雕塑布置其中，给人以曲径通幽之感，在室外以绿植掩映，并且以平整的经过特殊处理的草坪为基座放置雕塑，将雕塑平稳地放置在土壤之上而非建造展台，使得雕塑更加贴合环境而非独立突兀于自然。这种创新的方式常常给人以更沉浸的体验，拉近了参观者与建筑空间的距离，并且让艺术品更加融入其所对应的展示环境，让陈列的模式有了一丝游园的韵味。

×图 11-3　纳什雕塑中心室外雕塑花园

　　室外的雕塑花园可以容纳 20—30 个收藏品轮流展出，由于一些收藏品非常沉，有搬运的需要，所以皮亚诺对室外土壤的要求非常严格，对排水问题也提出了更高标准的要求：只有做到没有积水，才能支持雕塑的重量，以及草坪和乔木的有序生长。由于追求与室内博物馆一样的灵活性，室外花园的人工设施尽量减少，只用一组石质基座提供照明、声音、安全和灌溉系统，这组基座同时也是小型雕塑的展台和用作休憩的座椅。皮亚诺将室外花园的墙设计成为"考古学"的墙，石洞指引视线，让行走轨迹通过绿植步道延续，轻量化的人为元素与自然结合贯穿整个花园展示空间。室内的墙延续了这个理念，在墙上开了一些洞口，使人们能够从街道和花园一瞥内部的景色和收藏，让室内外的界限在空间和视觉上有所连接。橡树的种植设计也是为了与这一线性空间融合，雪松、榆树、冬青的栽种和石质的基座沿着花园的轴线布置，宽阔的石平台和台阶通过流动的感觉连接了博物馆和花园的空间，一排排的橡树与石墙仿佛是打开建筑与自然沟通的钥匙，用解构主义的方法重塑了建筑与自然的关系，定义了雕塑与人的位置。

　　在皮亚诺的设计中，每一面墙、每一片玻璃板都是精雕细琢的艺术品。他将阳光、阴影和雨水视作设计的一部分，旨在利用这些自然元素来装饰和影响空间。这种天然光线的运用，将艺术品照亮，使其如同在自然光的舞台上表演，为参观者带来前所未有的沉浸式体验。而在整个设计过程中，皮亚诺更以"轻盈"为关键词，巧妙地运用材料和结构，创造了一种视觉上的轻盈感，让建筑几乎浮于空中。这种设计哲学使得纳什雕塑中心不仅成为雕塑的展示场所，更成为雕塑自身的一部分，与雕塑共同谱写了一曲轻盈、优雅的和声。这样的设计理念不仅是对建筑和艺术的致敬，更是一首对自然之美的颂歌。他强调："我们的建筑不应该只是艺术品的陈列所，而应该是一个与周围环境完美融合的空间，艺术和自然应该共同演奏一曲和谐之歌。"

纳什雕塑中心的设计理念可谓深藏着皮亚诺对自然、艺术和空间的深刻思考。他在创作过程中经常以自然为导师，漫步在雨林中间，去感受大自然对人心境的改变，直观感受自然与建筑的融合，从而创造出具有现代气息的建筑之美。

×图11-4　建筑与艺术品结合的水环境

通过对自然环境的观察和对博物馆建筑要求的探索，皮亚诺发现他所面临的核心问题是如何最大限度地利用自然元素为设计服务，如阳光、阴影和雨水，将其纳入建筑设计中，成为建筑的一部分。他通过运用自然光线的独特变化和材料的反射特性，创造出室内外光影交错的视觉奇观。阳光透过设计精良的玻璃墙——犹如艺术品的调色板，将雕塑照亮，为每件艺术品赋予生动、多变的光影，与室外绿树掩映的阳光一样，真实且富有活力。

此外，他在每一处细节的设计中也体现了建筑与自然的融合。建筑大量应用石料，却在连接处和地面转角处都留出了间隔和空隙，让原本冷峻的材质变得灵活多变，仿佛飘然而起，这种轻盈感来自他对石材的精心选择和结构的合理布局。皮亚诺精心选用了轻质、细腻的理石材料，使墙壁美观而有质感，再配以钢结构和玻璃，确保建筑的通透性和轻盈感，让自然光线尽情渗透散落在石壁表面，与雕塑联动。

这样的设计理念不仅呼应了雕塑艺术本身的特质，也为艺术品创造了最适宜的展示环境。皮亚诺借助建筑诉说着他对自然、艺术和人类共生共荣的信仰，为纳什雕塑中心赋予了独特的生命与灵魂。这座艺术殿堂，不仅是雕塑的家园，更是自然之美与人文智慧的完美结合。

举例来说，在纳什雕塑中心的设计中，长长的走廊与大面积的窗户是一处对环境开放的关键节点，将自然光融入建筑空间，将绿树掩映纳入室内范围，石材以包容姿态向花园延伸扩展，窗户选用高透明度的特制玻璃，不仅可以确保自然光的充分进入，而且在夜晚，室内的艺术品如同灯塔，透过窗户将艺术的魅力传递至夜空。这种设计使得艺术品不仅与参观者产生共鸣，也与自然元素进行对话。

从走廊到楼梯，物、人、景三者处于环境当中，楼梯错落的布局激发了参观者与环境的内在联系。楼梯设计既注重功能性，又不失美感，采用轻盈的钢结构以及开放式设计，使参观者在上下楼梯的过程中，能够有一种轻灵的视觉效果。楼梯的设计不仅是连接楼层的通道，更是参观者感受建筑魅力的一种方式。

漫步在这座艺术殿堂，简约的线条和结构展现出现代主义的魅力，让人们不禁感叹皮亚诺对于"简约即繁复"设计哲学的独到理解。进入室内的三个展览室，眼前呈现出通透明亮、开放式的特质，落地玻璃窗将花园穿越距离呈现在眼前，玻璃棚顶在钢结构的支撑下让自然光在建筑内流动，仿佛与空间融为一体。这种光影效果为雕塑品增色不少，中心内每一个观赏驻足的地点都能呈现出电影般的视觉效果,使得参观者能够从不同角度在光线下感受雕塑的魅力。室内的三个展室相对独立,彼此之间由石洞联通,石墙本身成为三个区域的屏障与边界。漫步其中,让人感觉布局巧妙,且参观体验轻松舒适。展厅中,雕塑似乎在诉说着它们的故事,而参观者则能在这开放而自由的空间里徜徉,感受艺术的魅力。

室外花园与室内通透的关联,让三个展室既突显了现代建筑的特质,又不失对自然、艺术的尊重。这种开放、现代的设计风格使得这个空间成为雕塑的理想家园,也为参观者带来了视觉和心灵上的双重震撼。

×图 11-5　石材、玻璃与展品的材料语言相得益彰

　　除了三个常规展厅，用于展示背光藏品的特定展厅也别有一番风味。步入这个展厅，首先映入眼帘的是礼堂大门，大门融入了整座建筑，与周围的玻璃幕墙一样贴合在石墙之间，它利用现代感十足的玻璃材料，展示了简洁、明亮、透明的特质。在其他四片玻璃幕墙的对比之下，大门似乎显得平凡普通，为了不让室内外产生过度的隔阂，所以大门高度隐藏自己的内在，以含蓄的方式让自然光线可以流畅地进入展厅内，使展览空间与室外环境相互交融，营造出具有前卫感的氛围。

　　进入大门就可以看到体量巨大的楼梯由中间转折，沿墙壁两侧向二楼上升，没有任何支撑，"轻盈"地挂在墙壁和楼板上。楼梯下布置了简易的展台，让这片功能空间不那么枯燥独立。楼梯是由中间镂空的一片片木板嵌入钢制骨架上的，侧边的玻璃护栏上镶嵌着木制扶手，人们可以透过楼梯看到后方隐藏的展台，这也是纳什雕塑中心的亮点之一。客观来说，皮亚诺对楼梯的设计属于现代主义建筑风格，轻盈、优雅的钢结构，搭配上清爽通透的玻璃和木制扶手，不仅保证了结构的稳固性和安全性，同时让整个楼梯呈现出轻盈飘逸的美感。这种开放式的楼梯设计，既方便参观者流动，又成为室内空间的一道独特装饰。

× 图 11-6　通向负一层空间的"悬挂式"楼梯

走廊的设计同样注重细节和观感。走廊的墙面选用了具有现代感的材料，以简洁的线条勾勒出空间的轮廓；走廊两侧的玻璃墙让自然光线自由穿梭，使参观者在行走间就能够感受到室内外的和谐融合。此外，展示区与走廊相互连接，为参观者提供了通畅的参观路径，使整个参观过程更具流畅感和愉悦感。参观者每走一段距离，就会发现情面有石洞穿插，可以瞥见其他展厅，仿佛是刻板的展览空间在跳动，把控着参观者的眼球。

走廊空间紧邻玻璃幕墙，参观者可以在穿梭中欣赏室外花园。花园中展示的户外雕塑环绕着走廊，与建筑相得益彰，在走廊中远观更会产生一种庄严与肃穆之感。绿树成荫、花香四溢的花园，将现代感的建筑衬托得更加和谐。户外的雕塑仿佛是自然的延伸，与周围的植被、阳光和天空相互呼应。人们在这里漫步，仿佛置身于艺术与自然的和谐乐章中，体验着一种独特的宁静与愉悦。

颇受好评的纳什雕塑中心在当地也是一处宜人的城市公园，当地居民更喜欢在午后或者傍晚漫步于此，这里的每一处细节，都让人们在闲暇之余能够获得心灵上的慰藉。纳什雕塑中心成功地让艺术与建筑完美融合，并且服务于生活。面对追求艺术的信徒，纳什展现出它对艺术的收纳与珍藏；而面对茶余饭后散步的游客，它又以轻松舒适的参观体验示人。

纳什雕塑中心的成功，也向我们展示了博物馆所承担的社会责任：艺术面向大众，建筑服务大众，不失对游客的人本包容，也不失对艺术的尊重。这种开放、融洽的设计风格使得这个空间成为雕塑的理想家园，也成为当地乃至慕名而来的游客的心灵归属。

× 图 11-7　纳什雕塑中心由石材与玻璃构成的护栏

纳什雕塑中心刚刚建成时，当地的参观者还未觉得震撼，他们踏入大门，走过空旷而开放的大厅，一种视觉上的引导让他们不由自主地开始了这段艺术之旅。这时的他们仿佛探索者，在探索之后无不感叹这里带给他们的震撼，一时间纳什名声大噪，引得无数艺术爱好者慕名而来。如果用最初探索者的口吻来介绍这里，那么大厅礼堂就是一切开始的引导，这个休憩之所的座椅和服务台为你提供了观展前的准备，你可以在这里获取地图、展览信息或是简单休息片刻，之后艺术的奇妙之旅即将拉开序幕。透过通透的玻璃墙，你能瞥见外部花园的翠绿和雕塑的雄姿。这一刻，你已被引入这个由自然与艺术编织而成的精妙空间。大门后的这个起始场景，如同一首美妙的序曲，为整个艺术之旅奏响了悠扬的前奏曲。你可以尽情地感受大自然与艺术的完美融合，让思绪和灵感在这个空灵的大厅中自由飞扬。这个开放的大厅只是纳什雕塑中心的一角，接下来将是你在这个现代建筑艺术殿堂中的真正奇妙时刻。展览空间的玄妙，即展厅间的和谐共鸣，将成为你独特艺术之旅的一部分。空间中的每一件作品、每一处装饰，都会让你停下来去观看。即走即停，原本简短的走廊，在风景与空间的加持下仿佛无限延长。接着前行，你会发现环绕式的走廊将你引向一个个神秘的展厅，这些展厅巧妙地分布在你四周，仿佛在等待着你的探索。墙上的装饰简约而精致，射灯和灯带与阳光配合得极为紧密，不仅不会分散你的视觉注意力，反而会让你更加专注于艺术品的展示。沿着走廊错落排列的展厅让路径更加纯粹，你可以选择不同的路径，却能将所有风光尽收眼底。连贯而多样化的空间让你可以随意探索却丝毫感受不到单一和局促。二楼呈现出多维度的艺术品，走廊连接着展厅，而楼梯也成了展厅的一部分，让你在参观的途中参与了一场空间的穿梭。这种垂直布局，让你可以发掘展览空间的丰富多样，拥有更多的参观选择。无论你是在一楼还是二楼，每个楼层都会带给你不同的视觉和思绪，你可以在这个由自然、艺术和建筑交织而成的空间中，尽情游走，感受艺术的奇妙。每一层、每一处，都是不虚此行的印证。

如果说带给游客众多情绪的原因是纳什的空间环境与视觉效果，那么支撑起这些的不仅仅是对于场馆的规划与设计，皮亚诺对于材质的选择也是缔造这座艺术殿堂的关键之处，没有考究的材料，一切都将是徒劳的粉饰。在对室内的处理上，皮亚诺大量应用大理石和仿大理石的高品质装饰石材。高档的石材让室内给人的感觉是考究而非富丽堂皇，应用石料易于打理和保持清洁，而大理石所展现的自然纹理和独特光泽感也为整个空间增添了高贵和优雅的气质。

作为焦点的展台，采用了颇具现代化色彩的新型塑料材质，简洁大方。为了与展厅协调，大量展台都搭配了中性色调，如浅灰或浅褐色，也有少量乳白色，不仅让艺术品更突显，同时也呼应了展厅整体简洁现代的设计风格。

×图 11-8 罗丹的艺术作品

　　墙面装饰一般采用低调而具有现代感的石材，并且搭配装饰材质来点缀墙面，如橡木饰面或特制的壁布。展品与橡木自然纹理相映成趣，为展厅增添了一份温暖和质朴。壁布则常选用柔和的中性色调，如米白或浅灰，为艺术品营造了清爽、宜人的背景，令参观者能更专注于对艺术的观赏。

　　对于地面，皮亚诺选择了最为常见的地板作为烘托，地板的暖色为整体简洁冷峻的室内环境增添了一丝韵律，也与室外的植被产生联系，给人一种归属感。

×图 11-9　室内艺术品展厅

展览空间的照明给这几个要素构筑了更好的联系桥梁，室内充分利用自然光与人工照明相结合的方式，以达到最佳的照明效果。大面积的玻璃窗确保了自然光充足柔和地照射在展品上，突显了雕塑的线条和质感。此外，展厅内的射灯排列让光效给室内带来了错落感，射灯在自然光的大面积照射下成了为某一具体位置服务的点对点光源，能够因角度和明暗的不同，展现出艺术品的不同美感。

整体来说，展厅的设计追求简洁、高雅与实用并重，以展现雕塑艺术的精髓。通过精心挑选的装饰材质、照明设计和空间布局的完美搭配，皮亚诺为参观者建造了一个富有艺术氛围的雕塑馆。

除了满足参观者的需求，纳什雕塑中心还有一部分非展示区域，用以满足艺术家和工作人员的需要。室内的第二层除了展厅，还设计了展览办公室、多功能会议室等功能区，这些区域的设计依然遵循高标准，确保艺术家、策展人和参观者能够在这里舒适、愉悦地交流与学习。这层的总面积约为2200平方米，与第一层设计的不同之处在于，第二层的设计更具实验性和创新性，其展厅用以满足前卫风格的艺术品展示需求，展示空间更具现代感。主要展示区面积为800平方米，同样铺设了精致的地板和大理石墙面，但是在装饰上则添加了更多现代化元素，展台也为纯白色，相比一层更加简洁且具有科技感。二层的中心是办公区域，展览办公室、多功能会议室等功能区的加入让展馆变得更具有核心竞争力，常常吸引大量艺术交流沙龙在此召开，为展厅里的艺术品流动提供了间接的帮助。

纳什的室内令人瞠目结舌，室外也毫不逊色。走出纳什的展厅回看建筑的外立面，简单的几何形状和优雅的线条为原本波澜不惊的建筑增添了一丝雕塑的美，简单的几何形状符合现代美学特征，穹顶的曲面玻璃则为它构筑了一个后现代的舞台。

优美的曲线、大面积的玻璃幕墙是它的特色，石料的堆砌是它的根基，从远处看上去，整座建筑显得结实有力且灵巧自然。玻璃幕墙采用的是钢化的有机玻璃，超高的透明度使自然光得以充分进入室内，让外部与内部融为一体，夜晚室内的光亮也可以点亮整片花园。这体现了建筑的开放性和透明感，与雕塑艺术的表现意图相契合。

× 图 11-10　通向内部庭院的"灰空间"

除了玻璃幕墙，建筑外墙设计也强调简洁和纯净感。没有过多复杂的装饰，只是用简单而流畅的线条勾勒出建筑的轮廓。这种设计理念与雕塑艺术本身的追求相呼应，突出了雕塑的线条和结构。建筑外墙采用了中性色调的材料，浅灰色的混凝土搭配白色石材，突出了简约与现代感。这种色彩选择不仅让建筑在城市中显得独特，也使其更好地融入自然。

×图 11-11　向环境设计延伸的现代主义建筑美学

皮亚诺的理念在建筑外墙上体现为"融合与突出"。其设计旨在融合现代建筑美学与雕塑艺术的精髓，通过简洁的外观和材料，将建筑本身作为艺术品展示出来。同时，它也突出了雕塑作品，通过内外一体的设计手法，将雕塑与建筑完美融合，使其整体呈现出协调、和谐的氛围。当建筑不仅是一种容器，更是与艺术品交融的"大艺术品"时，便达到了设计与艺术的融合，是现代建筑美学与雕塑艺术独特魅力的巧妙融合。

这样一件为人称道的艺术作品当然离不开其配套花园的辅佐和完善配套设施的支撑。室外花园既让整片区域颇具氛围，又与艺术馆的设计相辅相成。艺术馆两侧配备了宽敞便利的停车场，为自驾游客提供了方便的停车选择。此外，周边的道路和交通组织紧密配合，人行道与马路各司其职，既确保了艺术馆周边交通的流畅，也能让游客在前往和离开艺术馆时感到便捷和舒适。

室外花园是纳什可圈可点的设计特色，在周围川流不息的车流中，静态的花园往往能吸引无数目光，宛如城市中的一片绿洲。花园里配有花坛、雕塑和户外休息区，这些设计元素不仅使周围环境显得更具现代感，而且为游客提供了欣赏艺术和休憩的场所。在整个区域设计中，景观起到了积极的作用，营造了宜人、舒适的环境，让游客在艺术和大自然的交融中感受到愉悦。花园里的雕塑通常以裸露的展示方式示人，即没有展台和陈列设施，直接裸露地摆在绿植中，用加固的坚实的土壤铺垫，这种将雕塑融入环境的方式表示了设计师对自然和艺术的高度尊重。这个花园不仅是一处景观，更是与雕塑艺术融合的空间，让雕塑的陈列与自然环境的融合成为展示艺术品的理想场所。雕塑被巧妙地放置在花园的不同角落，通过与植物、树木的对话，为游客创造了与艺术品亲近的视觉和心灵体验，游客在自由、开放的空间里漫步，欣赏着雕塑艺术品的细节、材质、形状，感受着艺术家的创意和精湛技艺。这种亲近自然的展览体验让雕塑艺术更具生命力和感染力。

×图 11-12　水景、雕塑与环境的结合

　　皮亚诺在设计花园时精心挑选了适应当地气候和土壤的植物，以保证花园的繁茂和美丽。绿植的分布和种植以简洁的线条和几何形状为主，强调简约、清晰的美感，与现代建筑的风格相协调。这种设计理念强调艺术与自然的和谐共生，让艺术品与周围环境相辉映。

　　此外，花园的景观设计还注重游客的体验。合理规划的行道路线、宽阔的观景台和座椅区域，为游客提供了适合漫步、欣赏艺术和休憩的空间。这种设计旨在让游客在欣赏雕塑的同时，也能感受到自然的美好。

　　总体来说，皮亚诺将现代美学、艺术品与自然相结合，并将它们提炼成一种全新的陈设与展示的设计模式，让纳什从众多雕塑馆中脱颖而出，使得这个花园不仅是艺术品的陈列场所，也是人们与自然和艺术亲近的空间。

×图 11-13 雕塑与环境的对话关系

纳什周围的公共设施的设计不仅是为了实现功能性需求，更是为了创造一个完整的文化艺术社区，为游客提供多层次、多样化的体验。这些设施的设计注重舒适性、美学性和互动性，大量便民设施被放置在展馆周围，其风格都与建筑的设计风格相符，休息区和座椅也按照展馆的材质进行延续，理石穿插着钢化玻璃，将简约发挥到了极致。游客漫步艺术馆感受文化魅力的同时，坐下休息的片刻，也能沉浸在自然和艺术的融合中。

　　此外，皮亚诺注重平面设计和导视设计，指示牌也能融入雕塑的风格，这也是纳什的一大特色。艺术馆周围的信息指示牌和导览系统也为游客提供了便利。清晰的指示牌和系统化的导览信息可以帮助游客更好地了解艺术品和建筑，引导他们在展馆中游览，为他们提供更为深入的艺术体验。

× 图 11-14　下沉庭院的台阶

　　雕塑中心周围还有咖啡馆和商店，为游客提供饮品、小吃以及艺术品等的购买选择。游客可以在品味美食的同时，寻找独特的艺术纪念品，将这次参观变成更加丰富多彩的文化之旅。雕塑中心周围还有公共交通站点，确保游客能够便捷地到达这里。这种设计注重了社区的可访问性，让更多人有机会参与艺术的欣赏和体验中。

　　综合而言，纳什周围的公共设施的设计以多样性、功能性和美学特征，为游客打造了一个充满活力、愉悦、知识和艺术的社区。户外展区也是艺术与社区互动的空间，人们可以在户外展区举办一系列文化活动、讲座、工作坊等，让雕塑艺术与社区的互动更加深入。这种社区参与和互动让艺术真正融入人们的生活，成为其日常的一部分。纳什雕塑中心不仅是雕塑艺术的聚集地，更是文化交流和人们心灵寄托的空间。

　　纳什作为一个雕塑艺术的殿堂，当然汇集了众多世界著名雕塑家的杰出作品，艺术家们更相信这里的精心布局和展示，因此许多艺术品长期展示和存放于此，名家珍品与建筑空间的完美融合，呈现出极高的艺术品展示程度。纳什最为著名的便是在这里永久展示的巴勃罗·毕加索①的作品《巴勃罗·毕加索的人头像》。这件雕塑位于艺术馆入口处，成为迎接参观者的第一件艺术品，以其抽象而独特的形态成为参观者眼中的亮点。艺术馆入口这个位置独特，通过简洁、现代的设计语言展现了毕加索的艺术理念，也引导着参观者进入现代雕塑的世界。

---

① 巴勃罗·毕加索（Pablo Picasso，1881—1973），西班牙画家、雕塑家，法国共产党党员。是现代艺术的创始人，西方现代派绘画的主要代表。

亨利·摩尔[①]的作品《椭圆体 No. 2》也同样出众，是被誉为镇馆之宝一样的存在。这件雕塑被安置在宽阔的户外展览区，充分利用了自然光线和自然环境，其曲线和流畅的结构与周围的绿植和自然景色交相辉映，创造了一种与自然和谐共生的氛围。参观者可以自由地在其周围漫步，感受艺术与自然的完美融合。

同样在室外的还有乔治·康多的作品《德州生日礼物》，它被巧妙地布置在室外展览区的中心位置。这件雕塑作品以其生动的人物雕塑和精致的场景而著称，为参观者营造了一种身临其境的感觉，仿佛将其带入了生动的得克萨斯州。这种位置的选择不仅让参观者能够全方位地欣赏雕塑的细节，也为展览创造了引人入胜的氛围。

×图 11–15 罗丹的人体雕塑

① 亨利·斯宾赛·摩尔（Henry Spencer Moore, 1898—1986），英国雕塑家，是 20 世纪世界最著名的雕塑大师之一。

在展厅中，马克·曼德斯的作品《沉思者》位于室内展厅的中央位置。这个位置使参观者在参观室内展览时能够直接被这件雕塑吸引，同时体现了曼德斯的作品对于参观者思考和内省的启示。作品雄伟的形态和抽象的特点与展厅内的现代设计相得益彰，展现了艺术品和空间设计的完美结合。

同样著名的还有阿历克斯·卡茨的作品《好朋友》，被精心放置在展览区的角落。通过镜面效果和光线的利用，这件雕塑创造出参观者与艺术品之间的视觉互动效果。这种与参观者互动的设计使这件作品成为展品中的亮点，也体现了现代雕塑作品对于参观者参与的期待，这是纳什的一个展览特色，每年都有无数游客在此拍照留念。

总的来说，纳什艺术品的摆放和展示程度充分考虑了参观者的体验和艺术作品本身的特点，通过精心选择的位置、布局和环境设计，每一件艺术品都得以展现其独特之处，与空间相得益彰，共同创造出一场令人陶醉的艺术之旅。

×图11-16　由雕塑与环境构成的场所精神

这座绽放于达拉斯市的雕塑博物馆，以其独特的现代设计和精湛的雕塑艺术收获了无数赞誉。这座建筑本身就是一件艺术品，以其自然光线的熠熠生辉、简洁流畅的线条和空间设计，与雕塑相互辉映，创造出一种奇妙的视觉和感官体验。相信无论多少年以后，只要走进这座现代建筑，都能感受到那种漫步于艺术殿堂的感觉。这位使建筑的线条和空间布局都继承和发扬了现代主义设计理念的建筑家，也一定会在今后大放异彩，皮亚诺的设计之路仍在继续，他的辉煌也不止于此。在高速发展的时代背景下，人们对艺术的追求更加具体化、多样化。皮亚诺的纳什雕塑中心在这个时代，对博物馆建筑的发展起到了不可磨灭的带头作用。纳什雕塑中心这座建筑不仅是雕塑的宝库，更是现代建筑设计的瑰宝，它将艺术与建筑融为一体，为参观者提供了一场身临其境的艺术盛宴。愿这座现代建筑继续启迪人们对于艺术和设计的探索，为现代艺术留下永恒的印记。

拾贰 东京国立西洋美术馆

The National Museum of Western Art , Toyko

在东京市台东区高楼林立的繁华都市的一角有一座让人驻足的绿色风景，那便是著名的上野公园。上野公园是日本最大的公园，以园区中 1200 余棵樱花树而闻名，每当春季风过之处，落樱雨下，十分壮观。国立西洋美术馆就坐落在这座公园之中，将它特有的建筑之美呈现给来此参观的人。国立西洋美术馆是"二战"结束后日法两国恢复邦交及两国关系改善的象征性建筑，收藏着神户企业家松方幸次郎[①]收集的"二战"中由法国政府管理的美术品，是作为松方幸次郎回国的条件而建立的。馆内收藏和展示了松方幸次郎的作品集和中世纪末期至20 世纪的西洋美术作品约 2200 余件，其中包括罗丹、雷诺阿、梵高、毕加索

① 松方幸次郎 (1865—1950)，日本企业家、政治家、收藏家。曾任川崎造船所社长、众议院议员（日本进步党），毕生致力于西方艺术品收藏。

等著名近代欧洲画家的美术作品约 200 余件。这些珍贵艺术品的汇集，让展示它们的博物馆建筑本身也具有了更重的历史使命和美育意义。这样一个藏有无数珍品的博物馆在建筑设计与空间规划上与那些珍品相比毫不逊色。国立西洋美术馆是勒·柯布西耶晚期创作的，属于他的创作高峰期，也是他留给东亚地区唯一的作品。

国立西洋美术馆是勒·柯布西耶"现代建筑五点"和"无限成长的建筑"思想的具体体现。日本近代建筑史上那些重要的名字，都与柯布有着或多或少的联系：从柯布直系弟子前川国男①、坂仓准三、吉阪隆正，到次子弟丹下健三一行，再到桢文彦、坂本一成、长谷川逸子，以及后来自学柯布理论起家的安藤忠雄、拿着学生时期论文《柯布作品中的曲线：其手法与意义》前往昌迪加尔拜访柯布的妹岛和世等。柯布的理论以罕见的姿态早已成为日本建筑人学习现代主义的教材。柯布西耶为日本带去了巨大而长远的影响，而他本人却只在日本留下了一座国立西洋美术馆，这座博物馆为后来日本的公共建筑提供了很有力的实体支撑，柯布本人也因此成了在日本乃至世界都颇具名气的建筑大师。在国立西洋美术馆建成后的几十年中，美术馆几经改造和扩建，最终在 1998 年完成了"免震改造"，于 2016 年被列为世界文化遗产。

在最初的设想中，美术馆并非单体建筑，而是作为文化中心的一部分来规划。在日法两国共同商议下，最终选定由柯布西耶来完成美术馆的"设计"。"设计"的含义指单纯的建筑设计，而结构设计以及施工等，则交由柯布西耶在日

---

① 前川国男（1905—1986），毕业于东京帝国大学工学部建筑系，在学校期间，建筑师岸田日出刀将四本勒·柯布西耶的建筑书籍交给他阅读，对他产生了很大的影响，也促使他在毕业后远赴法国，进入勒·柯布西耶的事务所学习。此后的三年里，前川国男与坂仓准三、吉阪隆正等建筑师合作，共同在柯布西耶门下学习，在欧洲现代主义热潮的风起云涌中留下了自己的足迹。

本的三个弟子来管理，以柯布的"模数"（尺寸应按照日本人建造）为依据确定了所有的尺寸。也就是说，国立西洋美术馆的建立也可以看作完全由日本本土建筑师深化完成的一个项目，这就不难解释这座由柯布主手的建筑为何能微妙地区别于世界其他各地的柯布建筑而体现出一定的日本性。

柯布西耶与他的日本弟子们调查完建筑场地后，柯布便因印度昌迪加尔的工作离开了日本。三位弟子中，坂仓和吉阪负责建筑，前川负责建设，最终监督施工完成国立西洋美术馆。柯布送来的图纸中并未包括构造和设备，这些都是由日方负责设计的，图面上未说明的细部尺寸则依据"模数"来决定。在美术馆的建设中，三人前后一共做了6次商讨，中途坂仓还曾在前往德国的时候绕道昌迪加尔拜访柯布。在那个没有现代电子设备交互和辅助设计的年代，这些建筑师在一次又一次漫长的设计与规划中，让国立西洋美术馆的建筑形式和设计方向逐步成长。

国立西洋美术馆在建造完成后的日子里经历了几次加建，使得建筑能够继续"成长"。

在美术馆的设计中，柯布西耶首先确定了方螺旋形的展览空间，希望美术馆可以向外持续生长——让参观者首先进入美术馆的中心，再由一条螺旋向外的动线组织引导参观者到达展示空间的每一个角落。如果在未来有展品增设的可能，美术馆还能延续这种螺旋的姿态继续向外扩张……这种被柯布称为"无限成长的建筑"模型，最早出现在1939年柯布的一张草图上——黄金螺旋线的样式，仿佛鹦鹉螺一般可以无限向外发展的美术馆体系。1939年在名为"无限成长的建筑"的设计构想中，柯布以7公尺的平面单位模数与符合人体黄金比例举手高度的2.26公尺作为高度单位模数，建立了标准化的现代美术馆空间组织原型。由于无限成长美术馆在空间组织上的设计要素都是以相同的模数作为共同的形式基础，每一道长廊状的展览空间也都经过了形式上的标准化，当美术馆需要增建时，以螺旋状无限成长的展览空间便不会遇到平面配置与形式上无法衔接的问题。模数与展览空间形式的标准化造就了美术馆增建时得以无限"成长"的可能性。

这样的设计思路使得美术馆中展示陈设的艺术品更加贴切地融合于美术馆本身，在环境空间的层面上缩短了二维艺术品与三维美术馆空间上的维度差距，增加了参观者置身其中的步入式观感，使三者融合一体，让人、物、空间不再是相对独立的个体，而是一个逐渐融入其中的共情环境。就像著名戏剧表演大师布莱希特所倡导的表演方式一样，化身为角色，再还原出形式。

这种无限"成长"的建筑模式不仅在增加建筑体量和扩大艺术品保有量上起到了作用，其可持续发展的思路内核让这一建筑模式在时间推移和科技进步的过程中也能逐步适应与发展。在博物馆空间已经发展出 4D 乃至 5D 体验的今天，能够随时代发展而无限"成长"的博物馆能更好地跨越以前的单一视觉交互途径，从而通过博物馆本身建筑的自我更新与扩建，达到多重的影像交互、音频交互乃至感官交互，这便是博物馆空间设计在博物馆美育体系作用中的重大突破和发展，对博物馆美育的发展起到了引领式的跨时代作用。

无限"成长"美术馆空间组织有七要素：
（1）视觉通透的地面层；
（2）中央内庭；
（3）主要入口位于建筑物的中央内庭；
（4）以坡道的方式引导参观者由中央内庭进入二楼展览空间；
（5）由中央内庭向外以螺旋配置无限增建；
（6）隐形卍字平面秩序与立面四向开口；

（7）展览空间以自由平面的方式进行展览品设置与无动线规划。

　　无限"成长"的美术馆在形式上并非单纯地像花卷一般向外盘旋，而是在内部形成四条向四方发散的通路，将建筑的整体构成有力地统一起来。这种将底层架空引导参观者来到建筑的最中央，使动线由建筑的最内部展开，进而瓦解传统观念上建筑与环境、与人之间逻辑关系的方式，作为柯布的一种语汇在他其他的作品中也可见端倪。换言之，这种"向心性"的提出不但提供了另一种解读空间的方式，即"外—半外—半内—内—外"这般认识空间的顺序，而且使得柯布一贯的"底层架空"主张变得更加有理有据。柯布"无限成长的建筑"这一理念真正得以实施的案例，世界上还有两个，分别是印度亚美德城美术馆（1952—1957）以及昌迪加尔博物馆暨画廊（1960—1968）。

　　在柯布西耶的原有设计中，从室外空间到中庭入口的这段距离是完全处于室外的。在一层的这部分空间里，参观者只能感受到单纯的柱网，而作为整个建筑的中庭则隐藏在较为深远的位置。也就是说，参观者在进入建筑之前要有很长一段距离去感受来自悬挑的二层的空间压力，这已经超越了萨伏伊别墅中一间柱距的挑空，而是形成一个介于建筑内外之间的空间。美术馆立面镶嵌了鹅卵石的外墙由不承重的可拆卸板材制成，简洁的石材和清水混凝土，相当纯净，与周边环境极其融合。

　　室内的交通空间被最大限度地压缩，空间之间基本不依赖过道而是直接连接。位于一层的包括前台在内的非展示空间以一种极度紧凑的姿态蜷缩在一层平面的北侧，这样的处理在公共建筑中是不常见的，尤其是在室内的交通处理上，过分紧凑的空间关系实际上恐怕是很难使用的。在后来新馆的增建中，前川国男打破了旧馆一层东部的空间格局，使其作为新旧馆之间的过渡门厅来使用。

× 图 12-1　国立西洋美术馆内部阳光中庭

×图 12-2 "19 世纪大厅"内部展陈空间

　　进入中庭，才算是真正进入美术馆内部。从构成上说，中庭是整个呈盘旋形态的美术馆的核心，位于屋顶三角锥形打光井的下面，贯穿建筑各层，不但是一切动线的起点，更是这个旋转体态唯一的视觉中心。柯布将其命名为"19世纪大厅"，头顶的三角形天井透出神圣的光，加上巧妙的由建筑结构所组成的"十字架"，让参观者的视界立刻得以净化。在这里，柯布完成了一系列元素的统合：建筑、光、矮墙、坡道、柱、不规则的天井、人……

　　这种建筑形式与视觉效果的融合是在空间环境中对审美感知强有力的吸引与塑造。通过环境中不同建筑元素的构建与整合，再配以光和墙体的空间区域划分，达到美术馆的空间感官对人的视觉感官的吸引和感染作用，以此调动人与美术馆建筑以及建筑中陈设物品的共情作用，从而让美育的形式散发在整座建筑之中。

×图 12-3　美术馆内部斜向动线

×图 12-4　美术馆展厅内部的互套空间

　　二层的空间则以平台的形式突入到这个完整的方体中，让参观者很自然地就能感受到沿坡道顺利到达二层的可能。三层的空间在视觉上出现了断裂，让参观者感受到无法依赖坡道而到达的恐慌，既神秘又保持了一定视觉联系，使空间留下了悬念。沿中庭一边的坡道，参观者可以径直来到二层的展示空间。

　　二层的空间相对一层的全面开敞显得相对封闭，这也是一般美术馆都会采取的做法，有利于参观者将精力更多地投放到作品上，而非空间的趣味上。在与坡道隔庭对望的地方，二层以大小两个平台的形式与一层全面打通，通高 4.52 米，而夹层（二层）则以 2.26 米的高度近乎飘浮一般悬挂在二层的空间中。

　　站在这两个平台上，中庭处的视觉变得非常有趣。一方面，柯布在平台处本与中庭的柱子位于一条直线的地方安排了隔墙，这样就避免了参观者在欣赏中庭时看到两个柱子的重叠，产生良好的视觉错位效果；另一方面，多种尺度元素的引入，极大丰富了中庭的空间感，尤其是天井处的三角采光井，一时之间让参观者产生恍惚的感觉。视觉的效果随着光线延伸，目光所及的地方又有隔墙不经意地遮挡，使墙体上展示的画卷为人瞩目却又与环境融合，光影的效果使得人与艺术品在这座建筑中对话。

×图 12-5　内部夹层的工作空间

　　对于屋顶采光的设计，柯布西耶在屋顶中心设置了一个三角锥，在周边设计了四条长条形天窗，用以补充展示室的自然光照。但是阳光不能直接照进展厅，所以他在天窗下设计了夹层，使阳光可以通过两侧的乳化玻璃散射到展厅，让展厅摆脱单调。

×图 12-6　美术馆陈列的早期建筑模型

×图 12-7 西向东剖面模型

×图 12-8 东向西立面角度

　　国立西洋美术馆从建立之初到 21 世纪新时代的开始，一直以不断发展更新的一面向世人展示着其建筑特有的凝聚力。无论是游走于美术馆之中还是伫立在整座建筑之外，都能感受到这种来自艺术积淀的文艺之美和设计精湛的协调之美。柯布西耶唯一的亚洲建筑作品也引发了对博物馆美育的无数探索与启迪，在美术馆建筑中，人、物和建筑本身三者通过柯布西耶在建筑设计中对空间和视觉的捕捉融在一个协调的关系之中，打破了传统博物馆的展示形式，促进了博物馆空间美育和博物馆空间设计的发展。

拾叁

京都国立博物馆

Kyoto National Museum

× 图 13-1　京都国立博物馆

　　与国立西洋美术馆同样著名的博物馆建筑在日本还有很多，从时间层面来讲，日本的博物馆发展溯源还要追溯到明治初期，那时的日本社会在政府的主导下全面学习西方文化。在这股效仿洪流中，日本本国的传统受到轻视，古物、寺院、神社、佛殿所收藏的宝物等面临着破坏或散失的危险。明治二十二年（1889年），为了保护本国文化遗产，政府决定分别在东京、京都和奈良设立博物馆，当时称为"帝国东京博物馆""帝国京都博物馆"和"帝国奈良博物馆"；1900年，分别改名为"东京帝室博物馆""京都帝室博物馆"和"奈良帝室博物馆"。"二战"战败后，根据修改的新日本宪法（也称"战后宪法"或"和平宪法"），3个博物馆改为现在的名称，即"东京国立博物馆""京都国立博物馆"和"奈良国立博物馆"。3个博物馆场馆的建设都由不同时期的日本本土建筑师完成。

　　日本最早一批建筑师的作品都以模仿西方古典建筑为特色，片山东熊^①作为日本首批建筑师之一，于1894年完成奈良国立博物馆本馆，1895年完成京都国立博物馆本馆，1909年完成东京国立博物馆表庆馆，这些都是西方古典样式。如今，京都国立博物馆本馆已有一百二十多年历史，据说最初设计是按照三层考虑的，由于浓尾地震缘故而变更为一层。该馆坐东朝西，东门（片山东熊设计）为博物馆的主入口。

---

① 片山东熊（1853—1917），日本建筑师。毕业于工部大学校，经工部省、大藏省后进入宫内省，负责宫廷建筑。

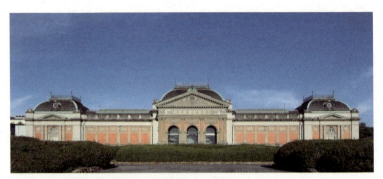

×图 13-2　1895 年完成的京都国立博物馆本馆

×图 13-3　1909 年完成的东京国立博物馆表庆馆

　　这三大博物馆的西方古典风格的展馆皆在明治时期建成，都为东西朝向，形成一条东西轴线；而后建的本土风格展馆则形成一条南北轴线，且作为博物馆的主轴线。不知这个现象是否可以解读为日本明治时期已经为本土文化规划好位置了。因此，三大馆区都包含了从明治时期到日本当代不同时期的风格展馆，也反映出日本建筑的发展线索。

　　这些拥有百年历史的博物馆在经历无数次社会变革后逐渐成为日本民众家喻户晓的公共建筑群体，这与其整体地缘区位规划和建筑设计是分不开的。这样一个庞大的博物馆群体也营造出了新的博物馆空间美育趋势。将日本本土的建筑文化和公共建筑博物馆建筑的美育特性相结合，奠定了日本博物馆建筑的主流趋势。

　　谈到京都国立博物馆的风格和趋势，不得不提该馆中平成知新馆设计师谷口吉生，这位出色的日本建筑大师生于 1937 年，父亲是日本著名的建筑师谷口吉郎（1905—1979）。谷口吉生大学本科学的并非建筑学，而是机械工学专业，这也许对他的建筑中呈现的极精致的细部有一定影响。本科毕业后，谷口吉生到哈佛大学攻读建筑专业。在哈佛短暂地为格罗皮乌斯工作过，谷口吉生于 1964 年毕业后回到日本，进入当时如日中天的丹下健三工作室，一直工作到 1972 年。1975 年他成立了自己的事务所，早期的几个作品他还打着父亲的名义做项目，直到秋田市立图书馆他才真正独立。谷口吉生早期的作品以几何体量的穿插构成空间，后面越来越简洁，最后只剩下简洁的矩形体量。在这个过程中，他不断打磨自己的建筑语言，在他的作品中可以看到语言的重复使用。由法隆寺宝物馆、铃木大拙馆以及平成知新馆可以看出他的独特的建筑风格已经成熟，轻盈、精致且优雅，既现代又传统。这种属于他自己的特殊风格在后来的纽约现代美术馆新馆、京都国立博物馆中都有更明显的表现。

　　谷口吉生的建筑，没有复杂的形体，没有多余的修饰，只是用纯粹的基本建筑语言，营造了具有感染力的空间。这些特点，多数是受到机械美学的影响与德国包豪斯^①学派以及以密斯^②为主流的现代建筑设计风格中简洁明快、讲求功能实用以及选用材质的精良的影响。他是低调不张扬，继承传统又不失运用现代手法的一位大师。

在这个形式主义当道和市场化压力下的建筑行业界，谷口吉生就像一股清流，细腻、严谨、淳朴地在这个躁动不安的世界里安静地流淌着。他对每个砖块的对缝、每个排风口的位置、每块建筑材质的接缝都精确计算，对尺度比例把握得尤为精准。

在谷口吉生的作品里，没有粗壮笨重的柱子，没有冰冷粗犷的混凝土，没有浮夸炫技的空间流线，他的作品有着比妹岛更为硬朗的体量，有着比安藤更为细腻的风格。

对他而言，设计是一种对爱的付出。他尽可能地避免媒体的曝光，也很少有演讲、写作、展览以及做评委的各种活动。静谧，不仅是谷口先生作品的建筑空间性格，也是他日常言行的特征。

正是这样一种设计理念使谷口吉生在建筑外部空间布局中喜欢运用内院的

① 格罗皮乌斯指出，包豪斯不是传播任何艺术风格、体系或教条，而是把现实生活因素引入到设计造型中，努力去探索一种新的理念，一种能发展创新意识的态度。它最终形成一种新的生活方式：艺术与技术的统一；艺术、技术、经济与社会的统一；艺术设计师与建筑企业家的统一和设计典型系列化与标准。
② 密斯·凡·德·罗（Ludwig Mies Van der Rohe, 1886—1969），德国建筑师，包豪斯学校校长，是最著名的现代主义建筑大师之一，与赖特、勒·柯布西耶、格罗皮乌斯并称四大现代建筑大师。密斯坚持"少就是多"的建筑设计哲学，在处理手法上主张流动空间的新概念。

传统形式，这在铃木大拙馆、丰田美术馆等都有所体现。这种内院的三面围合与片墙的组合，延续了日本传统建筑寺院的内聚性，表达着日本禅学"心和顿悟"的思想与参透心灵的自省态度。在传统内院布局基础上，结合现代的建筑材料，是谷口吉生的手法之一。铃木大拙馆的水镜庭，简单的体量围合，石材、板材与金属的碰撞，精准的尺度把控，精良的施工对缝，还有那一片浅浅的水面与对望片墙的门洞，是谷口吉生对传统空间的继承与对当代艺术的理解。

╳图 13-4　平成知新馆墙砖与地砖对缝及检修口　　╳ 图 13-5　博物馆石材转角细节

在空间流线设计上，谷口先生有着清晰的思路，特别是在展览馆、博物馆及美术馆等的建筑中：铃木大拙馆的空间流线单一且唯一，连贯而有趣；平成知新馆的自由而流畅。在日本传统住宅的"接合空间"里，没有厚重的墙体，只有承重柱支撑，人的活动是通过榻榻米和格子门来分割的。作为展览空间，谷口的空间同样用墙来划分出里面与外面、公共与私密、明亮与昏暗的分界。行走在这样的空间里，可以让参观者自由感受忽明忽暗、忽隐蔽忽开敞的展览空间，这样的流线有时不禁会让参观者有种柳暗花明又一村之感。

而在建筑的立面处理形式中，格栅是日本住宅最为普遍的传统做法。谷口将这种元素运用到立面的细部处理上，室内隔断、立面玻璃分隔、建筑立面肌理，均运用金属格栅的处理方式，最能体现日本文化中的禅学精髓。平成知新馆的玻璃竖向金属格栅线条与纤细的立柱序列，是日本住宅中最基本的素材，也是日本禅学的性格。这样的处理将建筑与环境的界限相对模糊，最大限度地将室外的景色引入到建筑中。禅学思想强调用最简单的眼光去看待周围的世界，日本住宅也用最简洁的格栅，这种忽明忽灭的特质让视线既不穿透也不停滞，这种最为亲民的材质形式表达着最质朴的禅宗韵味。此外，延伸的大屋檐也与日本传统寺院建筑的大悬挑屋顶有相仿之处。平成知新馆的主体水平轻薄的大屋檐板，铃木大拙馆的思索空间的大悬挑薄屋檐，都是对日本传统建筑元素的浓缩与提炼，再经过精确的比例构成计算，使得尺度适宜、形体纯净，这也是谷口吉生的作品里最为常见的表现。

× 图 13-6　铃木大拙院内冥想空间　　　　　× 图 13-7　平成知新馆室内窗格栅

　　具有同样意味的是对建筑入口的处理，谷口吉生通常利用入口竖立的实墙，达到类似玄关作用的效果，这种含蓄遮挡又提示入口的设计如同中国室内的屏风，将内外空间既分离又连通。不可否认，玄关空间与日本人的居住传统有着密切的联系，这种类似玄关的空间，由外部场地、入口处的檐廊及进入室内这一序列的"脱靴"空间组成，充分体现了日本人注重礼仪的习惯。京都博物馆平成知新馆的入口玄关处，给参观者提供了临时雨伞租赁与轮椅服务，人性化地将日本传统习惯与日本建筑空间很好地结合起来；铃木大拙馆场地入口的三级台阶，好似住宅玄关后上几级踏步步入榻榻米的空间，这同样是对日本传统住宅的致敬。

　　谷口吉生将人的感受放在第一位，无论是行走、站立还是坐卧休憩，都将人的行为置于整个建筑的空间体验中。比如，传统和式住宅的格子窗隔断高度将人的视线定位在某个固定比例的高度位置，在平成知新馆及铃木大拙馆也运用了这样的手法限定空间。这种框定的视线是日本人日常感受的体验，不会因为大尺度的博物馆建筑而让参观者失去人的尺度体验。

　　谷口吉生的这些设计理念也都在京都国立博物馆的平成知新馆中得以充分体现。这座充分具有其个人设计特点的博物馆在 2014 年 9 月建成，位于京都东山区，东山地区的大片面积都位于东山群峰的西麓，在这片历史悠久的古都周围，环绕着许多寺院和贵族的别墅，随着地缘特色的形成，这片区域也逐步发展成日本文化源流的重要区域，这里的寺院和别墅中收藏了大量绘画和各种工艺品，以及花道、茶道、能乐等传统文化载体。因此，许多成为京都代表性的观光景点的历史建造物都分布在东山地区内，每年都有许多外国客人前来参观。也是这样的地缘特点，让此处的博物馆群体有了更好的美育底蕴和文脉基础，从而在几位著名建筑大师的加持下让这几座博物馆能够成为享誉世界的博物馆建筑典范。

　　京都国立博物馆有着庞大的占地面积和建筑体量，其整体占地 102623 平方米，在东西和南北轴线上分别设置了出入口。南门出入口区域的馆门，与平成知新馆属同一风格，而东西轴线上的正门与老馆同属西洋风格。

　　平行新知馆在设计时受限较多，由于地处京都古迹集中的东山区域，该区的建筑限高仅为 15 米，因此新馆在设计时特意使檐口高度与老馆同高。

　　2001 年，谷口吉生设计了博物馆的南门，其水平屋檐板与垂直片墙的穿插方式，像极了密斯的巴塞罗那展览馆^①。2014年，谷口吉生设计的平成知新馆在原平常展示馆的位置竣工展开，这是标志着他独特建筑语言的成熟之作，很多细节延续了他1999年在东京完成的法隆寺宝物馆的设计。

✕ 图 13-8　平成知新馆南门　　　　✕ 图 13-9　平成知新馆入口

平成知新馆长方形围绕式的镜面水景，以及有序排列的小注喷水，既隔离了外部游人与展馆内部，又为这座严肃的博物馆增添了几分灵气。

平成知新馆中最能体现出谷口设计特点的是将玻璃与金属板材的运用发挥到极致，也是这一开创性的材质利用让这座博物馆有了特殊的韵味。轻薄的灰色板材与厚重的黄色石材，纤细的挑廊柱子与庞大的悬挑盖板，静止实体的建筑与动态虚隐的水面，这种种对比构图，呈现的是虚实相生、亦静亦动、可持续发展的图景。

---

① 　巴塞罗那国际博览会德国馆，是密斯·范·德·罗的代表作品，建成于1929年。博览会结束后该馆被拆除，虽然其存在时间不足半年，但产生的重大影响一直持续着。

× 图 13-10 东侧院

× 图 13-11 通往老主馆的走廊

× 图 13-12 平成知新馆大厅

× 图 13-13 公共休息长廊

　　平成知新馆正立面采用分隔的玻璃幕墙，据说灵感取自日本传统建筑中竹制窗格，光从建筑物前的水面反射进来，在大厅区域渲染出巨大的开放空间。三层通高的休息区，更大限度地引入了光线。在阳光的照射下，格栅浮动的阴影更添了几分灵动。

× 图 13-14 从休息长廊向外看

×图 13-15　大厅旁开放楼梯和大厅二层

　　垂直遮阳的磨砂玻璃与水平带状长窗隔断高度将人的视线定位在某个固定比例的高度位置。这种框定的视线是基本高度的感受体验，不会因为大尺度的空间举架而让参观者失去高度空间的体验。长条镜面水景倒映着建筑，成为坐在室内的参观者向室外远眺的景观焦点。

　　从室内向室外望去，能感受到谷口吉生的设计意图并非将窗户变成高耸的展望台，而是仅仅超过树的高度就足够饱览公园的美景，同时这还是很多人能够同时展望的场所，可以让人们在沉思中享受静谧。

　　整片玻璃幕墙看起来更像城墙，但透明度极高，能看到纤细的杆件和横向走动的人影。横向展开以及极端透明的姿态可以说是为了展望功能，也可以说是对谷口吉生现代主义身份的明示。

×图 13-16 水池旁精致的栏杆

×图 13-17 栏杆转角处及溢水口

×图 13-18　精准的外立面比例关系

×图 13-19　白色遮光玻璃

×图 13-20　金属楼梯扶手细节

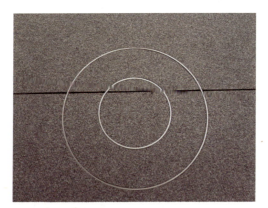

×图 13-21 铺装金属标识

×图 13-22 水中视觉识别系统

　　镜面般的水体下有着整齐排列的圈状标识，这是因为建筑基底本为庙宇遗址，设计师在设计时将此遗存以标记的形式表现在景观和建筑上。

　　谷口吉生对细节的把控使整座建筑颇具统一感和协调感，这种感觉使每一位置身其中的参观者都能感受到这种来自建筑的舒适与亲切。在这种气氛的烘托营造下，参观者会情不自禁地驻足感叹建筑的细腻和精巧，也让无数参观者设身处地地想去触摸每一个转角处和契合处。这样的环境空间再配以博物馆中精美的艺术品，可以说平成知新馆给人的美育感受是前所未有的。

与上述几大博物馆一脉相承的便是东京国立博物馆法隆寺宝物馆。在地势较为平坦的台东区上野公园西北角，这座博物馆与京都国立博物馆遥相呼应。

博物馆群四周有公路交通干线，车辆流动极其方便，各个博物馆之间又有发达的道路网相互联系，人流活动十分便捷。法隆寺宝物馆处在一大片绿树的怀抱之中，进入博物馆正门，向左绕过西洋风的表庆馆，经过一个传统日本院门的侧面，面前出现一片方形的浅水池，池水清澈静谧，法隆寺宝物馆犹如一个巨型藏宝盒，端庄地隔水相迎。信步而过漂浮的石板桥，就到了法隆寺宝物馆小巧的入口。入口低矮，门口颜色素雅，钢字简洁有力，与精致的玻璃自动门配合，散发着日本式的技术美。

× 图13-23　法隆寺宝物馆建筑外立面与倒影的虚实关系

×图 13-24　建筑外部的空间构成关系

　　谷口对建筑学的最直接贡献在于丰富了建筑造型语言，他将现代建筑的体块咬合变成了体块与面的咬合，而被咬合的面不同于风格派，或早期现代主义的小的面与体块的穿插，那些既往的穿插效果只是丰富了体块的视觉效果或减弱了体块的硬朗感，而谷口的"面"却是大开大合的面，整体组装感更强，像个篷子，或者说像一个正在拆解的盒子。法隆寺宝物馆的外立面也贴上了谷口的标志，以至于有日本人在网上留言"一眼就知道是谷口"。

　　在纤细棚顶、透明玻璃以及细柱的综合作用下，谷口的建筑更像个到处透风的半吊子建筑，室内外区别小，建筑的体块感最大限度地消融到室外去了。因此，他的建筑不像纯粹的玻璃盒子将室内外完全暴露和交融，其让室内外空间视线通透的同时又维护并区别了室内外各自的空间属性，可以说，就像一个身穿透视装的淑女，对外充分开放但又有着一种视觉朦胧。

这种建筑属性的表达是谷口对空间把控并利用的直接表现，他将几片较薄的石头墙体立于这个类似于玻璃盒子的建筑容器之外，让它们控制了室外光线的进入程度，以此形成了室内与室外之间的灰空间地带，两个视角相对独立却又在空间上贴合。参观者置身在这一明亮的前厅中间，透过玻璃，望向绿树和天空，经过玻璃和石壁缝隙过滤的自然光流淌在石头盒子的墙壁上，静谧温和的感觉油然而生。独特的空间效果带来了参观者与藏品之间特别的关系，这种视觉观感让博物馆与美育的作用充分结合并得到升华。

×图 13-25　法隆寺宝物馆建筑与外部环境

法隆寺宝物馆建筑的室外环境，如水池和桥梁的设计，可以生硬地解释为抽象化的东方古典园林手法，而最令日本人共鸣的则是该建筑最外在、最直接的元素——幕墙上的格栅，这种构造处理是典型的古代日本建筑的局部形象和记忆，至少在古今的欧美不曾出现过。谷口作为一个现代建筑的继承者，并没

有死守形式与功能统一的清规戒律，而是自觉地引入了时代对建筑的社会性和
文化性需求。这些格栅不只是一种装饰，因为在构造上，如此密集的不锈钢结
构是毫无必要的，所以这种格栅实质上是日本的传统建筑符号。从建筑内部向
外看，由于玻璃被纤细如丝的铝制竖向线条密分，使参观者如同透过一层极其
精致的帘子欣赏外面的景物，能让人在现代主义的建筑中体会到强烈的传统东
方韵味。

× 图 13-26 室内灰空间

× 图 13-27 铝制幕墙格栅

　　暖色调的石材外墙，实体由钢筋混凝土构成，厚重而敦实，透明的外罩围着厚实的墙体，二者形成鲜明的对比，但又不失统一。谷口对室内的设计中，大堂变为了一个高大、简洁、完整的矩形空间，没有干扰视线的凹凸变化，全是规整的直线，显示了一种宁静的理性，非常符合博物馆的性格。向上看，纤细棚顶与立方体之间的交接处被分离，形成天窗，为大堂改善了采光，并增加了光影效果。向外看，幕墙上的格栅如同精致的帘子，帘外就是自然天地。大堂左侧的楼梯暗示了主要流线方向，虽然没有路线指引牌，但参观者会自动地向左走去，那边是参观路线的起点和服务设施。

　　除了提供开放舒适的公共环境外，作为展览馆，展厅是其重点空间。谷口吉生设计了两种性质的空间：一是处于核心位置的完全封闭的展示空间，精心设计了照明系统，大量应用射灯，使其内部效果就是只有藏品是被照亮的，周围基本上都是暗色的（当然室内地面还是有一定照度的，以保证参观者的行走）。整个展厅均为无主灯的光照模式，通过动线的线性光源和藏品的点状射灯勾勒出展厅的结构动线，使展厅内有极强的神秘感，更突显出藏品的珍贵。二是包在石头盒子之外的一个明亮透明的玻璃盒子。另外，谷口吉生又将几片较薄的石头墙立于玻璃盒子之外，用它控制了室外光线的进入程度，同时形成了室内与室外之间的公共空间，既拉开了二者的距离又让二者有了一定联系，而对于周围的自然景色来说，建筑本身的风格与之相连却迥异。

× 图 13-28　法隆寺宝物馆室内展厅

× 图 13-29　展厅外楼梯厅

　　资料室与餐厅都是相对较小的公共空间，餐厅高度为单层建筑高度，空间低矮，一侧为幕墙，视线通透，且可以在室外就餐，营造了亲切的休憩环境。二楼为餐厅的2倍空间，空间丰富，这种丰富感来源于空间的综合处理，比如，平面一部分在屋顶下，而靠近幕墙的部分却在天窗下，屋顶内侧结构与大堂手法相同，也采用了天窗。资料室面层入口处有宽敞的水平洞口，而在上面的夹层墙壁交接处开凿了垂直的休息平台洞口，两个洞口一大一小，一横一纵，上下叠加，既呼应又对比。另外，立方体在此处有片墙插入平面，形成小尺度的模糊分隔，平面也丰富为半包围空间和全开敞空间两种形式。通过这种手法的熟练应用，一个简单的资料室顿时变成了立体的世界。

×图13-30　资料室

×图13-31　二层公共空间

　　法隆寺宝物馆使用现代主义的手法满足了新时代的博物馆功能，同时借用传统的形式和内涵方法创造了有传统意向的建筑造型，为建筑实现文化功能提供了新的途径，极大地启发并鼓舞着当代建筑师，因为他们相信，一定存在着多条途径处理传统，只要具有坚实的设计基本功能和熟练的技巧，就可以实现建筑的社会和历史责任。

　　在日本的博物馆发展中，谷口吉生的设计理念提供了新的驱动和建筑模式，他凭借多种因素结合的空间构造和对建筑细节的精巧打磨，设计出了数个极具美育功能的博物馆建筑。在当今社会科学高速发展的新时代，如何让设计与功能结合、美育与文化并行成了博物馆发展的新要求，谷口吉生的设计理念在这一趋势下为博物馆建筑设计提供了更深的发展方向。

拾肆

COMICO 美术馆由布院新馆

Comico Art Museum Yufuin

图 14-1 COMICO 美术馆由布院新馆

由布院坐落于日本九州，这片神秘而宜人的土地拥有丰富的自然资源和人文魅力。作为知名的旅游城市，这里长年吸引着世界各地的游客。同时，九州也是日本文化和艺术的交汇点，是传统与现代和谐共生的典范。

由布院美术馆位于由布院的大分河畔，这里是日本最著名的温泉胜地之一，河畔四面环山，仿佛天然屏障，让人们远离了尘世与喧嚣。九州岛拥有温暖宜人的气候和丰富多样的自然美景，成就了由布院带有岛屿色彩的独特自然景观。在湛蓝天空的映衬下，翠绿的山峦、清澈的溪流，都让人感受着大自然的奇妙。置身于这片美景中，心灵似乎得到了净化，思绪也变得清晰。

这片土地有着悠久的历史，沉淀着日本文化的精髓。走在古老的街道上，可以感受到时光的流转，传统的日式建筑、庭园和工艺品以及居民所用的农具家具，无不透露出古老的智慧和匠心。当地居民怀着热情好客之心，将古老的习俗和传统代代相传，使得游客仿佛穿越时空，领略到了日本文化的深厚内涵。

× 图 14-2 COMICO 美术馆入口

当地的文化传统不仅体现在建筑和艺术上，更贯穿于日常生活的方方面面。从简约而精致的茶道到雅致的着装和精美的料理，处处彰显着文化对人们生活的影响。

由布院所处地区不仅拥有丰富的自然美景和浓厚的文化底蕴，在经济方面也有着独特的发展。以旅游业为例，由布院凭借温泉和宜人的气候吸引了大量游客，成为地区的经济支柱。游客们享受着温泉，体验着传统文化，品尝着美食，为当地的餐饮、住宿、手工艺品销售等行业带来了繁荣。当地的手工业也蓬勃发展，尤其是传统手工艺品，以精湛的工艺吸引着众多游客慕名而来，成为地方经济的亮点。

得天独厚的条件促使这里的人文气息浓厚，但由布院地区人口稀少，因此没有受到大规模工业化的波及与影响，这样的人口密度使得这片土地更为宁静、清幽。清新的空气、和煦的阳光，让居民享受着高品质的生活，与自然和谐共生。当地居民勤劳、友善、热情，形成了和谐的社区文化。同时，人们的环境保护意识浓烈，积极参与保护自然和文化遗产，以传承给后代。这样的条件也为艺术馆项目的建造打下了良好的根基。

占据着天时、地利、人和的由布院，宛如一匹宝马，寻求着它的伯乐。而隈研吾所设计的由布院美术馆恰逢其时地诞生，将这里的魅力展示给世人。由布院美术馆背靠山脉，被葱郁的树木和碧绿的植被环绕着。建筑师隈研吾恰当地融合了自然与艺术，依托山间美景达到以景造景的目的：曲线和直线的交错，呼应着周围的山水，雕塑与建筑的共生，呼应着天与地的广阔。当艺术与自然相互辉映，游客仿佛置身于画中，每一步都成为一幅独特的画作。这种奇妙的交融不仅体现在建筑上，更贯穿于艺术品的展示与自然景观的融合中，使游客沉浸在艺术的海洋中，享受着世外桃源带来的惬意。

　　由布院美术馆的设计师隈研吾生于1951年，是日本松江市人，毕业于东京大学工学部建筑学科，之后在早稻田大学攻读建筑硕士学位。在建筑事务所任职期间，他积累了丰富的设计经验。随后他创立了自己的事务所，隈研吾建筑遂成为他展现设计才华的起点。

×图 14-3　建筑与环境之间的关系

　　隈研吾的大多数设计都强调"感觉的建筑"，这种理念源于他对日本传统文化的深刻理解。他认为建筑应该是能够触动人心的，而不应是冷冰冰的空间。他关注人们在空间中的感官体验，通过独特的设计创造出与人们有情感共鸣的建筑。他的设计充满了对自然、生活、文化的思考，注重建筑与自然和谐共生。

　　隈研吾的作品涵盖多个领域，包括文化、商业、住宅等。他设计的建筑充满了创意和独特性，如东京奥运会的主体育场——东京新国立竞技场，其特有的融合了传统和现代元素的设计备受瞩目。这座体育场兼顾了现代化的功能需求，同时尊重了日本传统建筑的美感，展现了设计师对建筑多层面的思考和把控。他还设计了台北植物园研究发展中心，该建筑将绿色植物与现代建筑完美结合，展现了对环境友好和绿色设计的执着追求。在设计由布院美术馆时，隈研吾充分考虑了地方特色和自然环境，借助于屋顶的曲线设计，将建筑物完美地融入周围山川的轮廓，这也是他一贯的设计理念之一。他在设计中运用了大量玻璃材料，让自然光线充分进入，使建筑与自然融为一体。隈研吾设计的建筑，不仅是独特的空间，更是一种对人性的思考和情感的表达。他通过设计打破常规，创造出具有灵魂的建筑，并进行文化的渗透，让人们与建筑产生共鸣，体验到空间的美、自然的和谐。他善于将建筑融入自然，以简洁、流畅、曲线美为特色，注重空间与光线的结合，通过设计让光线以独特的方式进入空间，创造出令人惊艳的视觉效果。隈研吾积极探索和运用现代科技和材料，如玻璃、钢结构等，并在设计中尝试运用新材料，创造出具有现代感的建筑。他注重环保理念，追求建筑与自然环境的和谐共生，尽量减少对自然资源的损耗，倡导绿色、可持续发展的建筑设计。

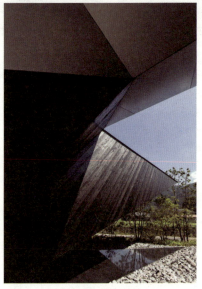

× 图 14-4　由烧杉木构成的建筑表皮

　　隈研吾对现代建筑也有着独到的见解，他认为建筑不应仅仅是功能性的居住或工作空间，更应该是能够创造情感共鸣的、有灵魂的存在。他强调现代建筑应该注重人的感官体验和情感连接，而不是简单追求外观上的美观或功能上的实用。在他设计的美术馆中，他将这种思想贯彻到了极致。他通过创新性的设计，打破了传统美术馆的模式，创造出一个个与自然和谐共生、与艺术品产生共鸣的空间。他充分利用自然光线、曲线设计和与周围环境的融合，使参观者在欣赏艺术的过程中也能与自然产生更加紧密的联系。

　　隈研吾对现代建筑的思考没有停留在建筑的形式和美学上，而是深入到了社会和人的需求。他呼吁现代建筑要具备更高的社会责任感，要为人们创造更宜居、更具共享精神的空间。他倡导利用现代科技和材料创造绿色、可持续的建筑，以应对当今世界面临的环境挑战。这一设计理念源自他对日本文化、自然和人性的深刻领悟，意味着他关注人们在空间中的感官体验，追求触动人心灵的设计。在他看来，建筑应当体现自然、文化和人性的关系。他将这种理念称为"和谐共生"，强调建筑应与自然融合，与文化相连，与人的生活方式相契合。这种设计哲学使得他的作品成为具有人文情怀和自然精神的建筑艺术。

　　隈研吾被选中设计由布院美术馆并非偶然。由布院地区以温泉和生态风光著称，隈研吾就擅长将建筑与自然相融合。在设计由布院美术馆时，他考虑到了地方的特色、环境的保护，以及与当地社区的融合，他的设计不仅是对艺术的致敬，也是对当地文化和自然的尊重，展现了他对现代建筑的深刻理解和前瞻性思考。

　　由布院美术馆的历史可以追溯到 20 世纪 90 年代，当时，隈研吾受委托为这座美术馆进行设计，并负责策划整个项目。这个项目的背后有一个积极推动当地文化和艺术发展的愿景：在这个时期，福冈县政府和地方社区共同发起了兴建由布院美术馆的计划，旨在通过这座美术馆提升当地的艺术氛围，推动地方文化的繁荣。他们向隈研吾寻求合作，希望他能通过独特的设计，为这个美丽的山水小镇带来新的文化地标。

×图 14-5　几何形建筑语言

隈研吾深入研究了当地的自然环境、文化特色和地方历史，以此为基础构思出了与这片土地和谐共生的设计——以山水自然为灵感，设计出一个与自然和谐共生的建筑。

随着时间的推移，由布院美术馆成了福冈县的一处重要文化资产，吸引了越来越多的国内外游客前来参观。它不仅展示了优秀的艺术品，还成为一个连接艺术、建筑和自然的独特场所，为人们带来了艺术、美学和文化的愉悦体验。

后经发展，美术馆原有的建筑逐渐扩建，形成了旧馆和新馆共存的关系。旧馆是最初建立的核心，而新馆是后来扩建的，这二者共同构成了由布院美术馆的完整面貌。

旧馆保留了最初隈研吾设计的独特建筑风格和艺术氛围，使当地传统风俗的美与自然融合的特点得以完整保留，成为整个美术馆的文化根基。参观者在旧馆内可以感受到最初设计的独特美感，以及隈研吾对自然和艺术的诠释。新馆则是随着时间发展和参观者需求的增加而进行的扩建项目。在新馆中，隈研吾运用了更先进的材料和设计理念，以适应现代艺术品的展示需求和容纳更多参观者。新馆更具现代感和多功能性，为展览提供了更多可能性，也能更好地适应不断变化的艺术需求。这两个部分共同呈现了由布院美术馆的多样性和丰富性，使得参观者能够在一个独特的文化空间中体验到旧与新的碰撞与交融。

新馆通过开放式屋顶设计，使建筑物与周围山川融为一体，呼应了自然美景；玻璃的运用则让自然光线充分进入，使室内环境更加开放，打造出了令人陶醉的艺术空间。这一设计以这片土地为背景，又与之相融、相生，成就了由布院美术馆独特的艺术氛围。

隈研吾也将该建筑与当地城镇融为一体，他延续了日本传统木工技法，以"烧杉木"①做建筑外墙，利落的几何线条经过翻转形成几何形状，点线面简洁流畅，既形成一种与环境共生的美好寓意，也释放出比原先展览空间大一倍的

---

① 烧杉木，黑得自然且高级的木材，是传统的保护木材的手段，历史可以追溯到1700年，主要用于住宅和商业外墙板与围墙。最初是作为处理雪松壁板以使其防风雨的一种方法，即将木材表面烧焦让它变成深木炭黑色，从而将木头的使用年限极大地拉长，在没有人工维护的情况下，至少能有80多年的寿命。

使用空间。

隈研吾以烧杉材质与自然融合为主要特色，将这种设计思想充分体现在由布院美术馆的建筑外观中。他的设计以直线和刚性结构为主，运用面、块的反转拼接，让建筑的外观与周围的山脉、河流、树木融为一体，曲折有致的线条勾勒出前卫现代的感觉。有张力的数个外立面折叠，让建筑看起来高挑且苍劲有力，仿佛是山川河流的一部分，在巍峨的崇山峻岭之中，气势毫不逊色。这种设计风格与传统的垂直、方角建筑形成鲜明对比，创造出一种令人陶醉的视觉体验。

214

建筑外观的颜色选择也与周围的自然景观相融合，使天然的山脉、树木和河流成为建筑的一部分，从远处看去，建筑宛如山峰一样矗立。隈研吾通过建筑的曲线、开放的设计，使得美术馆不是与自然环境相对立，而是与自然和谐共生，成为自然景观的一部分。这种源自自然的设计灵感，让建筑的外观呈现出山峦起伏、水流曲折的特点。屋顶线条柔和、流畅，犹如山脉的起伏，使整个建筑在自然中栩栩如生，与周围的山川相得益彰。

为了突出建筑整体造型的特殊性，隈研吾选用了现代感强的材料，如玻璃和现代建筑常用的金属材料。这些材料赋予了建筑表面的质感，使得建筑外观更具现代感，与自然的对比更加鲜明。建筑的里面由烧杉墙体和落地玻璃相互交叉，并配以钢结构的坡屋顶，主建筑则是开放式的花园，上面有栈道和雕塑，还有大量鹅卵石铺垫，颇有日式枯山水美景的感觉。这些设计特色共同打造了一个有张力且与自然完美融合的建筑外观，让人们在艺术的氛围中感受到自然与建筑的奇妙和谐。

×图 14-6　建筑顶部的公共空间

　　隈研吾以"感觉的建筑"为设计理念，将这一理念深刻体现在了由布院美术馆的内部空间设计中。他注重参观者的感官体验，通过充分利用自然光线、创造流动感的空间布局以及运用特定材料，创造出一种独特、舒适且与自然紧密连接的内部空间。

　　在对室内的规划和设计中，由于外墙变身成一个巨大的反向坡度，建筑物的尖端得以延伸至天空，因此释放了更宽裕的室内空间，而玻璃幕墙让自然光线自由地进入建筑内部。隈研吾运用了大面积的玻璃窗、天窗等设计，使室内充满柔和的自然光，减少了对电力能源的依赖，体现了他对可持续和绿色发展的关注。

　　纵观扩建的新馆的每个角落，都能感受到光、水、风融于一体。光线对于隈研吾来说，是设计中极为重要的因素。他善于利用自然光线，同时通过建筑外表的黑色和建筑内部的白色让自然光线在建筑内部产生丰富的变化，形成动态的光影效果。

×图14-7　建筑与环境间的对话关系

　　除此之外，内部空间的设计强调流动感，波纹状的墙壁、空间通道，使参观者在展馆内感受到空间的流动和变化。这种设计能够引导参观者自由穿梭于不同的展区，营造出一种流畅的参观体验，让参观者能够更好地欣赏到艺术品。

隈研吾还选用纸作为内部材料，奶白色的墙壁显得轻盈婉约，黑色的理石地面则厚重大气，增加了室内的明度和对比度，赋予了室内空间现代而独特的氛围。他注重材料的质感和对表面的处理，以及材料之间的对比，让参观者在触摸、看到、感受这些材料时产生愉悦感。

内部空间设计应考虑艺术品的展示和环境之间的和谐，为此隈研吾设计了多样化的展示区域，使艺术品处于合适的展示空间，与空间形成一种和谐的美学关系。数字展区光线对比强烈，以突出数字展品的亮丽科技感；传统展区则较为朴素，白色的墙壁和射灯交相呼应。值得一提的是，雕塑展区作为互动的开放式空间，常常能让雕塑、建筑、环境三者产生联系。例如，森万里子[①]的作品《永恒 I》是一个独立的雕塑艺术品，但从建筑的角度去看，它在整体建筑的左侧，仿佛是建筑的点缀，提高了建筑的辨识度；从风景环境的角度看，它的曲线形态宛如生机勃勃的大树，与周围环境产生联系，成为建筑与自然之间的纽带。这些设计特色共同营造出了一个充满自然光线、流动感和现代氛围的空间，让参观者在艺术品世界中流连忘返。

在建筑整体上，隈研吾为了突出现代感、创造特定氛围和实现艺术与自然的融合，将材料的质感摆在了最突出的位置。除了烧杉的大规模应用，现代材质也不容忽视，他力求通过原始材料与由布院地区的古风古色沟通，同时激发出这种风格的现代化可能。玻璃是隈研吾设计中的关键材料之一。透明的玻璃墙面被广泛运用于建筑外墙和内部隔断，创造出了现代感、明亮度和空间的开放感。透过玻璃，自然光线能够充分进入室内，将自然景观引入空间，让参观者感受到室内外的和谐融合。钢结构作为建筑的支撑框架，不仅具备坚固稳定的特性，还能实现大跨度和轻盈感。钢结构的运用使得曲线和流畅的设计成为

① 森万里子，日本艺术家，1967 年出生于日本东京，曾担任 2016 年里约奥运会火炬手。

可能，突出了建筑的现代感和独特形态。同时，钢结构与玻璃的搭配运用，创造出现代、开放的空间特色。烧杉外墙配合玻璃幕墙，加之钢结构骨架的穿插，造就了大气简约、富有张力且包含日式古韵的新馆建筑。

在室内材质的选择中，隈研吾在美术馆的休息区广泛运用木材，包括木质地板、木质饰面等。木材的温暖、自然质感为空间增添了人情味，与展区的现代材料形成对比，营造出舒适、和谐的氛围。木材还呼应了自然主题，与周围自然环境融为一体。

×图 14-8　内部展厅

此外，还有少量混凝土作为建筑结构和装饰的基础材料，裸露出现在美术馆的设计中。混凝土被运用于墙面和柱子，与玻璃、钢结构等材料形成独特的对比，展现出建筑的稳定感和现代美感。隈研吾还采用了一些其他现代材料，如金属饰面、现代塑料等，对屏台加以装饰，这些材料具有现代感、轻盈感和现代工业美感，与玻璃、钢结构等相互配合，让室内呈现出多元化风格的独有特色。由布院美术馆的建筑最显著的特点是强调自然与建筑的融合，这一特点彰显在建筑外观的设计上，以及建筑与周围自然环境的和谐交融上。

×图14-9　黄昏下的美术馆

建筑外观是隈研吾的一次尝试与创新，由布院美术馆的外墙变身成一个巨大的反向坡度，一端直指天空，与巍峨陡峭的悬崖山峦有形式上的呼应，且斜缓向下的陡坡用鹅卵石铺垫，营造出高山流水的感觉，与周围山水相互呼应。这种有机的设计不仅展现出现代建筑的独特美感，还营造了与自然景观融为一体的感觉。建筑与周围自然环境形成联系，仿佛是自然的一部分，融入了周围的山脉、树木、河流等自然元素。这种和谐共生的设计使得建筑本身就成为一种艺术品，同时彰显了对自然的尊重，使参观者在其中能够体验到自然与建筑之间的共生关系。

由布院独特的建筑外观和设计灵感使其成为一个引人注目的地标性建筑，无论从哪个角度观察，都能感受到建筑的生命力。这些特点共同营造了一个兼具现代感、独特形态、与自然融合的艺术建筑，也让由布院地区名声大噪，每年都吸引无数游客前来参观。

为了映射材质的优良和建筑环境氛围的营造，由布院美术馆以光影与空间的变化为设计重点，结合不同区域、不同材质，创造出了多种变换的光照模式，使参观者在参观时沉浸于这种光影的魅力中。

隈研吾精心设计了建筑的光线使用方案，利用大面积的玻璃窗、天窗和开放式空间，让自然光线充分照射室内展区。白天，自然光透过玻璃墙面投射进室内，形成柔和的光影，营造出明亮、通透的空间。建筑光影不仅在白天随阳光而变幻，夜晚也展现出别样的美感。夜间，灯光照亮建筑，与周围自然的黑暗形成强烈对比，建筑的轮廓和光影变得更为突出，呈现出独特、神秘的景象。

×图 14-10　宫岛达男《时间瀑布》

由布院美术馆内不同区域的照明度是不同的，数字展区大面积采用暗色调装饰，远离窗户。以宫岛达男的当代艺术作品《时间瀑布》为例，为了突出LED屏幕的亮度和这件艺术品中时间流逝的数字现代感，这里几乎被设计成一间暗室，通过艺术品本身实现空间的照明。

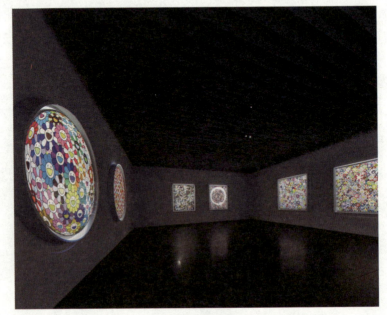

×图 14-11 互动艺术展厅

除了建筑本身，由布院美术馆周围的景观设计、院落设计和雕塑也共同构成了一个引人入胜、和谐统一的艺术空间，将自然之美、现代感和艺术完美地融合于一体。

美术馆周围的景观设计注重打造一个自然与人文和谐共生的环境。树木繁茂，花草点缀，勾勒出一片绿意盎然的庭院，小溪潺潺，如音乐般奏响了大自然的乐章。美术馆通向社区和温泉的道路是一条蜿蜒曲折的小径，路灯和雕塑引导着参观者穿行其中，欣赏沿途古香古色的景致。整个景观呈现出四季变换的色彩，春日繁花，夏日绿草，秋日金黄，冬日素雅，人们在每个季节都能感受到独特的自然之美。

　　整体的院落设计强调与自然和建筑的有机结合。隈研吾充分考虑周围环境的特色，将院落布局设计得尤为开放，通过高低差来规划区分不同的区域功能。时常出现的斜坡和石材垫起的地势，通过栈道相连接，树木被巧妙保留，穿插在栈道周围，绿植点缀其中，一切都显得恰到好处。石桌、石椅、雕塑、花坛和小道错落有致，形成了宜人、宁静的休憩空间。

　　雕塑作为点亮建筑以及院落的装饰艺术品，以其多样的形式和题材丰富了整个由布院美术馆。森万里子的作品《永恒Ⅰ》造型抽象，线条优美，具有现代感，与周围自然景色交相辉映。以自然为主题的雕塑将树木、花朵的形象巧妙融入艺术创作，使整个院落成为一个生态艺术空间；人物雕塑则通过生动的姿态和表情，赋予了院落更多的生机和情感。参观者可与雕塑互动式交流，参与到艺术中，为整个院落增添了更多生动趣味。这些景观设计、院落设计和雕塑相互交织，共同塑造了美术馆周围的艺术氛围，让参观者沉浸其中，感受自然、现代与艺术的奇妙交融。

　　由布院美术馆的成功不仅是因为其设计得精巧，还有一大部分原因是它对当地地域文化的理解与展示，建筑的特点突出了这种愿景，将当地的文化以及民俗都折中融入，使其看起来与周围的村落社区并不突兀陌生却现代感十足。隈研吾充分尊重了当地的传统文化和自然环境，将其融入现代建筑设计中，使传统文化与现代建筑的元素共同为美术馆服务。这种融合不仅突出了地域特色，也体现了对传统文化的珍视。这种设计元素体现在毗邻于美术馆旁的旅行民宿社区中，在这里，隈研吾一脉相承地将建筑与街道风景融合在一起，并打破一般以围墙作为边界的划分方式，通过相对微妙且模糊的植栽定义美术馆与私人空间的区别，使得民宿区既能与村落街景交融，同时每栋空间亦能被独特的花园树景柔软地包围。民宿区从平面布局和形式上沿袭了老村落的规律模式，在风格上通过现代化的新材料对原有建筑进行升级，通过提炼当地建筑房檐宽厚遮盖房屋的建筑模式，将新区也设计成大屋檐小矮墙的形象，不仅体现了日式建筑的特点，而且符合现代建筑沉稳大气的风格。

这片社区的存在成为美术馆与当地民俗文化沟通的纽带，美术馆在外观上向现代建筑致敬，却又在材质上与传统文化产生联系，远看，社区与美术馆连成一片，如崇山峻岭一般，美术馆高挑的建筑外观起着"一览众山小"的引领效果，如同点睛之笔。

有些美术馆的建设是为了容纳不同的展品，而由布院美术馆的展陈设计则对应了许多特定的艺术品。对于由布院美术馆来说，与其说设计美术馆是为了展示展品，不如说是为了展品而做出的美术馆设计。装置艺术、摄影等多种艺术形式，在这里通过适合它们的方式展示给游客，这些作品各具特色，反映了艺术家对自然、生活、心灵等多方面的思考和表达。

装置艺术作品突破了传统二维作品的限制，将三维空间与参观者的参与结合，采用各种材料和媒介，将空间、声音、光影等融为一体，创造出具有独特氛围的艺术空间。冈本太郎[①]的《无形的对话》这件装置艺术作品以不锈钢为材料，抽象地表现了人与自然之间的微妙关系。参观者可以通过作品的曲折线条和光影效果，感受到人与自然之间无言的沟通，以及艺术家希望唤起人们对自然的敬畏和对人类存在的思考的思想。这件艺术品被展示在大厅中，抽象的风格和装饰感强烈的外形让它仿佛是美术馆内部的装饰品，这样不经意间的展示模糊了艺术品与建筑之间的固有界限，也更适合这种新兴艺术流派的展示。

① 冈本太郎（1911—1996）是一位在日本极负盛名的建筑大师，他的作品中包含了丰富的日本民族特色。他以日本上古时代的出土文物为素材，创作了一批富有现代审美意义的作品，为日本人民留下了一大笔宝贵的精神财富。

当然，这里也不乏珍贵的传统艺术品，田中美佐子的《和风之韵》也是墨宝一般的存在，展现了日本传统风格的美景：用淡雅的水彩色调勾勒出和风中婀娜多姿的樱花树，描绘了一个浪漫、恬静的场景，如同由布院的美景一样。艺术家通过色彩、线条和形状，传达了对日本自然文化的热爱和表达。

由布院美术馆不仅是一座充满艺术品的殿堂，更是一个让日本建筑能够闻名于世的标准衡量。设计师隈研吾赋予了这个空间以生命，让艺术和自然在这里交相辉映。这里以极致的细节和自然的灵感为依托，打造了一个独具特色的"乡村"美术馆。隈研吾深谙自然之道，他通过设计，将建筑融入自然，成为山水间的一部分。他以"建筑即自然"为理念，让每一位步入这里的人都能感受到与自然和谐共生的奇妙。由布院地区因布院美术馆脱下了温泉美景的自然条件头衔，用它的文化魅力吸引着来自世界各地的游客。根据最新的数据，每年有超过 20 万名游客前来参观这座美术馆，他们来自不同文化不同国家，但都被美术馆的设计所吸引。游客纷纷对由布院美术馆的设计给予高度评价，这里一度成为最适合参观的日本本土美术馆之一和最适合度假的地区之一。许多游客赞叹由布院美术馆建筑外形与自然景观相融的特点，认为这使他们在美术馆中产生了一种与"艺术"亲近的体验。有游客称，他们感到仿佛被艺术品包围，仿佛置身于艺术品之中，令他们深受启发。

总的来说，由布院美术馆的设计不仅吸引了大量游客，而且获得了满意度的评价，这些游客数据和评价都反映出由布院美术馆的设计优点，同时表明了人们对其独特设计的喜爱和赞美。

×图 14-12　夜幕下建筑的光环境设计

　　当我们把所有这些元素综合在一起，会发现由布院美术馆不仅是一座美术馆，更是一个激发创造力的场所，是一个让我们思考人类文化和艺术创作的场所。它是一个展示现代建筑和工艺美学的典范，也是对艺术多样性和才华的致敬。由布院美术馆为人们提供了一个触摸灵感、感受美感、探索无限可能性的机会，它让人们沉浸在设计、艺术和自然之美的交汇之中，它代表的更多的是一种心灵之旅，一种与文化和创造力对话的机会。在这里，人们能够深刻体验到艺术的力量，感受到设计的魔力，以及日本文化的独特之处。

大阪中之岛美术馆

Nakanoshima Museum of Art Osaka

大阪中之岛美术馆位于大阪府大阪市北区中之岛 4 丁目 3-1，与大阪国立国际美术馆、大阪市立科学馆相邻。美术馆以"大阪与世界的近代、现代美术"为主题，以油画家佐伯祐三①等与大阪有渊源的艺术家名作为代表，收藏了日本国内与海外的艺术家作品超过 6000 件。除了收藏名家作品以外，该美术馆还定期举办多元化的艺术作品展览活动，如日本近代历史展、现代先锋艺术展及海外当代艺术家的作品个人展等。作为一座向城市开放的现代化综合美术馆，大阪中之岛美术馆还具备传播美学的功能，如面向公众不定期举办艺术沙龙及艺

① 佐伯祐三（1898—1928），日本现代著名油画家，出生于大阪，1918 年进入东京美术学校（今东京艺术大学）学习西洋画，1924—1926 年前往法国巴黎。在短暂的艺术生涯中，他创作了许多杰出的作品，将东方特有的墨色和笔墨趣味带入画面，形成了具有强烈主观性、东西融合的美学特征。

术教育等活动，提升民众的美学素养。

×图 15-1　大阪中之岛美术馆

　　这座现代化综合性的美术场馆由日本远藤克彦建筑研究所设计，于 2021 年 6 月底竣工完成。远藤克彦（Katsuhiko Endo）是日本当代新锐建筑师，1970 年出生于横滨市，大学就读于武藏工业大学（现东京都市大学）工学部建筑学专业，1992 年毕业后进入东京大学大学院工学系研究科建筑学专业攻读硕士课程，1995 年硕士课程结业后，继续进修该大学的博士课程。在进修博士课程期间，他于 1997 年创办了远藤克彦建筑研究所。2007 年研究所内部人员经调整与组织改编，成为现今的远藤克彦建筑研究所。远藤克彦作为该建筑研究所的创办人、主创设计师，设计的代表作品有鹤流的家、深山的家等住宅建筑设计，以及茨城县大字市新厅舍及高知县本山市役所新厅舍等公共建筑设计项目。因具有扎实的建筑设计理论基础与设计实践能力，远藤克彦除了主持事务所的建筑设计项目外，还担任茨城大学大学院理工学研究科城市系统工学专业的教授，从项目设计实践的角度，讲授现代住宅建筑及公共建筑的设计方法。

在日本高手云集的建筑师团体内，远藤克彦虽然不如日本当下比较活跃的伊东丰雄、安藤忠雄、妹岛和世、隈研吾、坂茂、西泽立卫等建筑师的知名度高，还未能把建筑作品开拓到国际舞台之上，但作为日本当代新锐建筑师，远藤克彦把目光聚焦在对日本本土当下建筑与生态、人们生活之间关联性的思考上，并通过设计实践，将当代建筑师理想化、可持续化以及生态化的设计理念转化为建筑语言，展现在其建筑作品当中。

大阪中之岛美术馆作为远藤克彦的成名之作，在设计与施工过程中经历了无数挑战。1983 年大阪市政府宣布建造现代美术馆的基本构想，1990 年成立一个筹备办公室，但城市财政状况的变化和其他因素导致了该计划停滞。经过了长久的曲折历程，该计划才重新被提上日程。为了实现美术馆集中区建设的构想，大阪市政府进行公开性的设计方案竞标。远藤克彦的中岛美术馆设计方案在 2016—2017 年举办的公共设计竞赛中脱颖而出，被评为最佳设计方案。该设计方案被大阪市政府选定后，经过 1 年左右的深化修改与打磨，于 2018 年 12 月完成最新版的设计方案定稿工作。2019 年 2 月项目开始正式施工，2021 年 6 月 30 日竣工完成。

大阪中之岛美术馆从大阪市政府对中之岛区域艺术集中区的建设构想到落成历经近 40 年，因此项目在建设过程中备受人们的关注。2022 年 2 月中之岛美术馆一开馆，参观者便络绎不绝，美术馆瞬间成了大阪的艺术新地标，也成了大阪首个近代美术馆。大阪中之岛美术馆也因其独特的悬浮式建筑造型、精致的施工工艺与"PASSAGE"开放性空间的设计理念，获得了由日本建筑师协会评选颁发的 2022—2023 年度 JIA 日本建筑大奖 [①] 的最高奖项，远藤克彦作为大阪中之岛美术馆的主案设计师由此被人们熟知。

大阪中之岛美术馆的设计概念为"黑色盒子"。建筑共有五层：一层藏于半地下；二层整体由玻璃幕墙围绕，并具有挑高的大厅与户外广场；三层以上的空间则藏在黑色矩形"盒子"的外壁内。该项目总占地面积 12870.54 平方米，建筑面积 6680.56 平方米，建筑标高 36.9 米。建筑主体采用了钢制框架结构，为基础隔震结构。停车场建筑与主体建筑相连，主体建筑的地基之间设有伸缩缝，并带有基础隔离系统以及抗震系统，满足了美术馆建筑整体的抗震要求。

因大阪的中之岛处于两河的中央地带，在梅雨季及台风的影响下，随时面临着洪水的威胁。远藤克彦为了保护重要的藏品不被洪水侵蚀，将美术馆藏品及与艺术相关的展览空间都设置在建筑的三层及以上。此外，为实现美术馆与城市之间形成无缝连接的空间感，提高美术馆与城市的可达性，设计团队采用了一系列策略来消除建筑与周围场地的水平高差，使建筑二层的草坪广场与周围的地形融为一体，通过如同梯田式的白色带状阶梯平台顺应地势坡度，形成层叠式带状景观带，并逐渐分层延伸至城市的人行步道，与周围的城市公共设施相连。

---

① JIA 日本建筑大奖是日本建筑学会设立的奖项，旨在表彰在日本国内近期竣工且在社会性、文化性、环境性方面都有极高水准的独创建筑作品，以及那些对新的建筑有启示和划时代意义的优秀作品。该奖项每年评选一次，是日本建筑界最高奖项之一。

×图 15-2 美术馆外部的城市环境设计

　　靠近堂岛川一侧的二层室外草坪广场上的雕塑尤为引人关注。由于雕塑作品置于二层室外人流分散的主要交通节点地带，因此无论从建筑内部还是外部的人行道都能关注到该件雕塑作品。这件代表美术馆的现代雕塑作品由生于大阪的现代艺术家矢延宪司①创作，作品的名称为"SHIP'S CAT"，是一只身穿太空服的猫的造型，象征着勇气和守护。《SHIP'S CAT》色彩艳丽，造型灵动，融入了大胆前卫的艺术表达方式以及对未来的想象。无论是雕塑本身还是矢延宪司的个人名气，都为这件艺术品增添了魅力，目前这件户外雕塑已成为美术馆人气较高的打卡点。矢延宪司的雕塑不仅为美术馆的公共区域增添了浓厚的艺术氛围，在夜晚灯光的照射下，也为这一区域烘托出了前卫的艺术氛围。

× 图 15-3　极简主义的建筑语言

①　矢延宪司（Kenji Yanobe），日本当代知名艺术家，出生于大阪。他的作品常常呈现末世艺术的想象，并融合了童稚的幻想与日本社会战后的进取精神。他的作品涉及雕塑、行为艺术及工程方面，受到成人与儿童广泛的欢迎与欣赏。

　　大阪中之岛美术馆建筑的核心特点是，从远处望去，美术馆如同一个体量巨大的黑色盒子悬浮于堂岛川和土佐堀川两条河流之间的沙洲之上。三至五层的区域在一层和二层的基础上设计了一个长方形的建筑体块。方盒子的黑色外墙由 609 块预制混凝土板组成，表面填充了建筑混凝土、岩手根正碎石、京都宇治的碎砂、黑色颜料以及 JIS 标准的轻质混凝土背衬。预制混凝土表面硬化后，经过超高压水射流制造粗糙表面，然后涂上高度浓缩的无机二氧化硅基化合物层，来增强材料的耐候性，防止骨料的脱落。这种表面粗糙化的黑盒子设计与当今建筑外立面大面积使用玻璃幕墙的现代美术馆形成了鲜明的对比。建筑师远藤克彦主要从城市生态学的角度考虑对鸟类与环境的保护，进而选择带有黑色粗糙肌理的建筑外立面作为建筑的外观，在保障室内自然光源摄入的情况下，最大化地减弱由玻璃幕墙造成的光源反射。纵观城市高层建筑，为了体现现代化的建筑气质，大面积使用玻璃幕墙，导致飞行中的鸟类受到光线的影响，失去对飞行路径的判别能力，进而造成与建筑外立面相撞的事件数不胜数，加快了鸟类的灭亡。此外，大面积的玻璃幕墙在强光的照射下，形成了强烈的聚光，甚至在建筑之间形成了多次反射，造成了严重的城市光污染。为改变这一现状，远藤克彦在建筑外立面并未使用大面积的玻璃幕墙，而是选择了经加工后的黑色预制混凝土贴片进行处理。为了保证自然光线能射入室内，且能够与几何形体的建筑造型相搭配，远藤克彦在黑色墙体的局部设计了 L 形与方形的开口作为美术馆的开窗，以达到引入光源的作用。

　　远藤克彦从竞赛初期就坚持让中之岛美术馆以"不让建筑物埋没在城市中"的姿态呈现给世人。虽然这个黑色"盒子"似乎对城市有一种压迫感，但建筑的二层使用了大面积落地玻璃来连接户外广场，到了第三层才被黑色的建筑体块所包裹。由于二层玻璃材料的通透，远看建筑体块如同悬浮于半空之中，消减了建筑的厚重感。此外，美术馆外部拥有偌大的庭院空间与草坪广场，使美术馆四周的景观成为建筑与居民区的过渡带。同时，主体建筑与居民区之间又保持了足够的距离，有效缓解了美术馆的建筑体量与居民区建筑之间格格不入的视觉感官，使美术馆宛如一件大型雕塑艺术品矗立于城市之中，进而帮助它与城市景观形成了良好的平衡。

×图 15-4　建筑的量感

　　设计前期，远藤克彦设计团队通过对场地细致的调查，发现该场地是连接中之岛东西两侧的重要纽带，因此如何连接外界人流和引导人流走向成为该设计中非常重要的一个环节。为了保障建筑与周围设施的可达性，远藤克彦将"PASSAGE"作为该美术馆建筑与室内空间的核心设计理念。"PASSAGE"在法文里是通路之意，也就是通道的意思。因此，该建筑没有明确的正面，在场地前也没有设置一条特定的主入口路线，而是在建筑立面的不同方向设置了多个入口。美术馆的一层与二层根据场地周边的自然环境与外部的主要交通流线进行融会贯通，创造出了一个无论是谁都可以自由进出、来往，如同广场一般的室内空间，对所有参观者免费开放。此外，二层的一条连接走道延伸至建筑西侧，横跨室外交通主路线，建立天桥步道，进一步拉近了美术馆与中之岛市民的距离。

对于中之岛美术馆来说，远藤克彦的这一"PASSAGE"概念传达了"一个活泼开放的、任何人都可以自由参观的美术馆空间"的设计想法。人们在参观附近的文化设施，如大阪国立国际美术馆、大阪市立科学馆的同时，可以很方便地顺道参观至此。可以说该美术馆作为中之岛地区众多文化设施和历史建筑集中的一个理想枢纽，为中之岛地区未来的活力和交通便利做出了卓越的贡献。

× 图 15-5 建筑外部的无障碍通道

当参观者进入美术馆时，会发现建筑内部和外部之间有着巨大的反差，但又有建筑几何图形的延续，这种设计方式被远藤克彦描述为"隐藏在简单背后的复杂性"。虽然从外观上看，美术馆只是一个简单的矩形盒子，但其内部空间的设置并不简单，内部交通流线错综复杂，具有对空间层次与现代美学的深度思考。

二层是参观者体验美术馆由外至内最先进入的开放空间，其内部设置了美术馆的售票处和馆内的商店。同时，二层作为建筑内部空间最重要的交通枢纽，不仅起到了指引人群的作用，还为参观者提供了便于阅览展览信息及购买美术馆衍生文创产品的区域。

建筑主体采用钢制框架结构设计，各层内部空间少有结构柱，这为美术馆内部通道空间的自由发挥提供了极大的便利性。进入二层后，有一个跨度巨大的黑色扶梯映入眼帘，沿着二层至四层空间的对角线斜穿于建筑中庭之间，如同天梯一般直通建筑的四层。这个扶梯宛如安徒生笔下的童话故事《杰克与魔豆》里的场景一般，创造出了从现实世界通往一个神秘的艺术殿堂的氛围。这种大体量贯穿式的黑色扶梯，仿佛是中之岛美术馆的黑色矩形建筑体块的缩影。

×图15-6　美术馆内部的动线关系

　　通过二层台阶楼梯可达至一层。该层设有与美术馆风格相匹配的咖啡馆、餐厅以及中小型报告厅，在为参观者提供观展之余，还可作为交流、聚会、休息的场所。报告厅作为美术馆传播艺术教育及学术交流的功能场所，内部空间界限分明，简约又不失温馨。向内延伸的长方形挑梁结构为天花增添了层次效果，打破了方形空间给人的呆板面貌。灰色的墙面由白色的线条勾勒出几何形状，与报告厅开放式的矩形入口相呼应，形成了视觉的连续性。在报告厅的正前方中庭的位置，为了将结构柱做隐藏式处理，将其设计成悬空的挑台，作为一层与二层的过渡空间，满足了参观者能从多个视角欣赏中庭空间的需求。对于一个美术馆来说，这种以纵向中庭空间带动多层联动的方式并不常见，各层空间都由一层中庭的挑空结构进行串联，将人流动线如同一条线般从一层延伸到建筑的五层，所有的功能空间仿佛也随着人流动线的延伸而有序地环绕其四周。

一层空间整体的采光虽然不如二层那么通透与明亮，但仍然可见由二层天花反射到一层中庭的自然光线，随着日照位置的变化，也会给一层中庭带来不同角度的光影变化。除此之外，由一层各开放式功能区域与二层围栏扶手的 LED 线性灯带所散射出的人工光源，作为辅助光源对中庭区域起到了照明的作用。这种照明方式基本沿袭了日本街道的照明方法，减少了街道两侧路灯作为主光源的设置，借助街道两侧由建筑内部散射出的光线，为街道提供照明，达到低碳环保与减少昆虫聚集的双重效果。虽然在建筑内部空间可排除昆虫的干扰，但在室内空间还原日常熟悉环境下的街道照明方式，也是对空间情景环境的一种重塑，营造了公共空间氛围的归属感，进而满足了参观者的多重体验需求。

对于美术馆及博物馆来说，以空间氛围的重塑调动"五感体验"①（视觉、听觉、嗅觉、味觉、触觉）的方式极其重要。五感的体验来源与人们的生活息息相关，它不仅是人们日常生活的缩影，也是人与时空、空间长时间共处的记忆。因此，无论是视觉上对场景的还原还是熟悉声音的环绕、弥漫具有特征性的气味、酸甜苦辣的味觉、冷暖、软硬的触感都会引起人们内在情绪的波动，唤醒人们的记忆，形成共情的意识。一层中庭的空间布局与灯光设置极大地还原了日常的街区场景，何尝不是一种以"五感体验"的带入方式，将参观者带到熟悉的

---

① 五感体验是一种通过人的五种感官体验，来打造全方位、沉浸式的体验空间，从而让体验者在参与的过程中获得更加深刻、更加真实的感受和体验。

场景中，达到令人印象深刻的效果？

× 图 15-7　展演空间

× 图 15-8　中庭

由美术馆的三层向下望去，中庭位置的扶梯与楼梯之间错落的线条成了视觉空间的主角。公共空间及中庭四周的墙面、天花皆由用银黑色的金属格栅制成的拉丝金属钢板包覆着。不同朝向的拉丝金属钢板映衬着室内照明、自然光线及人流密度，产生出不同深浅的阴影变化，材质的纹理及参观者的倒影清晰可见，赋予了空间更加丰富的表情。远藤克彦在讲述该设计方案时曾有这样的描述：大多数大型公共建筑的动线设计，比起其他空间可能都稍显平淡或无趣，所以他刻意将楼梯或扶梯等设计成空间里的主角，将人们移动时的样貌呈现在美术馆的大空间里。参观者无论是在美术馆的水平空间游走还是随着扶梯上下移动，交错的动线都会带来特别的视觉体验，移动时每一分每一秒的风景，都像是美术馆的动态展览作品一般，让人新奇且印象深刻。

自动扶梯从二层延伸到四层中庭的最大天花板，高度达到 17.6 米，这种纵深感具有将参观者从大堂的水平视野转换为垂直视野的视觉体验。这种具有视觉冲击力的内部交通系统的设计方式，是将建筑内部空间从中掏空，进而形成一个串联各个楼层的三维立体中庭空间。二层至四层通过一个立体的楼梯间相互连接，额外塑造出了跨越楼层的统一感。不同楼层体量的叠加与开口处理让美术馆室内空间变得复杂有趣。参观者在空间里漫步，成为这个动态艺术作品里的一分子，偶尔与具有相似爱好的陌生人群擦肩而过，偶尔与艺术作品产生灵魂的碰撞，偶尔会发现空间当中令人惊叹的细节。种种的偶然性都体现了远藤克彦对美术馆内部空间人流动线的细致把控，如同霍格华兹城堡里移动楼梯的奇幻空间。

×图 15-9　立体的交通空间

　　三层作为美术馆藏品的储藏空间，为了保证大量藏品能够安全、有序储存，远藤克彦将三层的中庭四周做成了方盒子空间。同时，为了消减储藏空间对空间秩序的影响，他运用了隐藏式的手法，将三层所有储藏空间面向中庭一侧的墙面全部统一用拉丝金属钢板包覆，让其融于建筑内部，仿佛成为建筑内部空间自身的结构部分。除此之外，为了保证大跨度扶梯的承重问题，三层的储藏室也为直达四层的扶梯提供支撑点。这种巧妙的处理方式，让人们从二层直达四层时，不仅能自然而然地忽略掉三层空间，还能感受到由三层围合的井壁空间带来的纵向的视觉变化。

　　美术馆的四层由两个藏品展览区构成，展览空间的举架高 4 米，总面积为1407 平方米。四层的展览内容以大型壁挂式日本画及传统手工艺的展示为主，作为对技艺传承的代表区域。四层空间的人流动线主要为东西走向，上升到五层时，则转变为南北走向。由四层至五层转折式的通道截面定义了建筑四个立面上的开口形态。上层通道不仅形成了展厅的前厅，通道形成的立面开口还为参观者提供了四个不同方向的城市全景视野。纵横交错的通道穿插于展厅之间，让参观者在观看展览的同时，也能够欣赏到中之岛地区白天与夜晚的美景。这种框景式的处理方式，将一幅生动的城市画面纳入展厅的前厅当中，创造了一种超越单纯艺术享受的全新城市体验，构建了城市与艺术共同繁荣的美好愿景。

另外，值得关注的是在四层至五层转折斜坡通道的一侧，设置了一个装置艺术的独立展示区，由半径约为 2 米的圆形金属底座限定了前厅中独立展示区的范围。为了达到吸引参观者并与参观者产生互动的目的，这个设置在前厅的装置艺术展区的作品也会随着展览主题的变化而变化。该展区的作品基本以现代主流的大体量雕塑及具有视觉冲击力的装置艺术为主，与置于室外的矢延宪司的《SHIP'S CAT》雕塑作品相呼应。在这个圆形展区的四周也留有为参观者驻足拍照的空间与休息区域，既保证了参观者留影记录的需求，又为参观者缓解疲劳提供了舒适的场所。因这种对空间节点细节的把控以及迎合参观人群心理需求的设计，目前该区域成为美术馆内部人气较高的打卡地。

同层相对的建筑开口处与此热闹的区域形成了鲜明对比，构建了两个不同的世界，体现出了宁静的空间氛围，具有动静分区的特点。透过玻璃幕墙，建筑的原始钢结构框架裸露在阳光之下，墙面与地面汇聚了现代建筑结构线条的倒影，如同一把锋利的刀在空间界面进行雕刻，在阳光的沐浴下感受时间的逐渐流逝。参观者驻足此地，安静地远眺中之岛城市的四季变化，当光影洒落在面庞时，如同一幅定格的电影画面。在四层的东西两侧，远藤克彦利用动静分区的处理方式，形成了不同感觉的场域空间，既有活跃、喧闹的一面，又有平淡、安静的一面。两个场域因中庭空间的干预，并未产生明显的对立感，反而达到了动静的平衡，满足了不同人群对公共空间的精神需求。

×图 15-10　内部无障碍观展通道

×图 15-11　特别展展厅

美术馆的第五层主要用于举办特别展览，展览空间的举架高 6 米，总面积为 1683 平方米，有一条由南北通向的天桥式步道贯穿于五层之间，窄条形的步道加强了空间的纵深感。铁艺的栏杆、扶手搭配着通透的玻璃，让狭窄的步道显得更加轻盈与通透。步道的两端分别对应着墙体开口处的玻璃幕墙，形成了两端明亮中间幽暗的视觉体验，如同穿越隧道一般，指引着参观者探寻带有光亮的出口。南北两端玻璃幕墙的两侧，分别设有各展馆的出入口，体现了远藤克彦对人的视觉感官的把握，在无须设置指引系统的情况下，利用人的趋光性来引导参观者自主地走进各展览空间。

×图 15-12　悬空连廊

该层的展览空间与前四层的已预设方式截然不同，可根据展览规模的大小，利用可拆卸的分隔墙体，划分成大小不一且相对独立的展示空间，具有极强的灵活性。根据不同展览者对展示方式的要求，可做成开放、半开放、封闭的展厅空间。此外，该层展览空间具有举架高、宽度广的特质，极大地赋予了展览空间题材的多样性，可满足挂、吊、组装等展示形式，为展览者的自由发挥创造了便利的条件，既可作为当代艺术家的个人作品展，又可以营造具有空间情景式的交互展，为艺术家们天马行空的创意提供展示的舞台。

×图 15-13　五层展厅

　　四层与五层的展览空间界面设计基本保持一致，原木的地板搭配洁白的墙面与天花，以简洁明了的方式将主体展示物呈现在展厅空间之中，给参观者带来温馨淡雅的展示空间氛围。洁白的天花安装了线性的轨道射灯与中央空调系统，轨道射灯的设置既保证了能够突出作品细节的局部照明，又能够根据展览的需求随时增加或减少照明的强度。黑盒子的外观因强烈的日照会吸收大量热量，导致空间出现闷热的现象以及参观者体感不适的情况。出于营造舒适的观展环境考虑，远藤克彦在四层与五层展览空间的天花处设置了条形贯穿式中央空调与新风系统，极大地满足了参观者在游览过程中的舒适性。

建筑的五层作为中之岛美术馆叙事性展览空间的终点，既对传统题材的展示内容起到了承上启下的作用，又形成了古今跨越时空的对话，为参观者开启了探索艺术创作多元化的新篇章，为人们对城市与艺术的不断发展带来了无数的遐想。

荷兰著名建筑师阿尔多·凡·艾克①对于建筑内部空间曾有这样的描述："建筑空间的通道设计尤为重要，利用空间逻辑思维及艺术审美进行创作，可以丰富内部空间的自身结构，如同在建筑中漫步一般，处处都能体现惊喜。"综观中之岛美术馆，远藤克彦将"PASSAGE"通道的设计理念在室内外发挥到了极致。首先，将室内外空间的人流动线进行融会贯通，营建四通八达的交通脉络，打破美术馆与城市之间的边界，使之成为城市当中与之共生的建筑。其次，美术馆的室内空间以建筑中庭为核心，营造了具有强烈视觉冲击力的交通枢纽区域。参观者可借助相互交错的交通流线，流畅地穿梭于美术馆内部，而参观者自然而然地成为美术馆流动风景中的一分子。再次，以参观者的心理需求作为出发点，将城市的自然风貌及大体量的现代艺术作品巧妙地与美术馆交通流线的节点相结合，不仅提升了内部空间的多重体验，还成为极受参观者欢迎的休息与交流的公共区域。最后，美术馆的建筑设计出于远藤克彦对城市生态可持续发展的思考，城市的可持续发展离不开城市的原始风貌，只有人与动植物和谐共生，

---

① 阿尔多·凡·艾克（Aldo van Eyck, 1918—1999），荷兰著名建筑师，荷兰新建筑运动（Nieuwe Bouwen）的先驱之一，荷兰结构主义建筑流派的创始人。其作品关注建筑的社会性，带有浓厚的人文主义关怀。他强调建筑与人们之间的关系和情感连接，认为建筑应该为人们创造舒适、适应性和富有人性的环境。他被认为是现代主义建筑运动的重要代表之一，对后现代主义建筑和城市设计有着重要影响。

才能保证城市生态的自我循环。中之岛美术馆悬浮式黑盒子造型不仅是现代建筑与自然之间的对话，也是对现代化高层建筑模式化的批判，更体现出远藤克彦作为职业建筑师对城市发展的责任感。

　　中之岛美术馆之所以被人们欢迎与喜爱，并成为中之岛地区的艺术核心，不仅仅是依靠建筑的自身魅力，建筑师与艺术家之间的通力合作也为这座美术馆增添了无限光芒。这种跨界设计师通力合作的方式，根植于日本联名①的设计理念。在合作中，日本设计师注重与合作伙伴的互补性，以及在共同的目标和理念下进行协作。他们认为，通过共享资源和知识，可以创造出更加出色的产品，同时也有助于推动各自的事业发展。他们在设计过程中强调设计之间的合作、创新和用户体验。这种联名设计理念体现在日本许多设计师的作品中，他们经常与不同领域的品牌或个人进行联名合作，以创造出独特且具有吸引力的产品。

　　中之岛美术馆中除了矢延宪司为其创作的室外雕塑以外，日本知名平面设

---

① 日本联名方式的起源可以追溯到日本的消费社会。20世纪60年代以后，随着日本经济的迅速发展和消费水平的提高，消费社会逐渐形成。在这个社会中，消费者对产品的需求不仅仅是对功能的需求，更多的是追求个性化、差异化的消费体验。同时，市场竞争日益激烈，为了满足消费者的需求并获得更多的市场份额，品牌之间开始寻求合作，联名方式应运而生。另外，日本的文化和传统也影响了联名方式的产生和发展。日本是一个拥有悠久历史和文化的国家，其传统艺术和手工艺在世界上享有盛誉。在日本的消费社会中，传统元素与现代设计的结合成为一种趋势，这种趋势也影响了品牌之间的合作。通过联名方式，品牌可以借助合作伙伴的影响力和资源，推出符合市场需求的产品，进一步扩大市场份额。这种合作方式已经成为日本消费社会中一种重要的商业策略和市场手段。

计师大西隆介[①]针对美术馆独特的建筑样式与设计理念，也专门为中之岛美术馆制作了标志与标识（博物馆名称部分的字符）识别系统。大西隆介根据"未来博物馆"定位，将博物馆特色的黑色建筑外观与中之岛的首字母缩写"N"相结合，并根据实际建筑图纸计算出黑色体块比例，形成与建筑外观接近的"N"字造型的标志，从而使标志外观清晰而真实。为了与标志相呼应，大西隆介还专门为大阪中之岛美术馆 Nakanoshima Museum of Art 定制了"Nakanoshima Font Light"字体，通过定制的字体传达出了建筑轮廓线的硬朗与内部空间的流畅，以及对未来的无限思考。

× 图 15-14　建筑设计理念

① 大西隆介（Takasuke Onishi，1976—　），日本一位知名平面设计师和艺术指导，出生在东京埼玉县，毕业于日本大学法学部和多摩美术大学平面设计专业。2009 年开设 direction Q 设计工作室。大西隆介的设计作品以创新和独特性著称，擅长将传统元素与现代设计相结合，创造出独特的风格。他的设计作品包括博物馆 VI 计划、海报设计等，曾获得东京 TDC 奖、日本图书设计奖金奖、墨西哥国际海报设计双年展等奖项。

　　除了表达对细线的熟悉程度和先进性外，大西隆介还将美术馆的英文名称 Nakanoshima Museum of Art 中的首字母缩略词 "NMA" 进行横向扩展，使其与建筑代表性的黑色矩形盒子体量的横向跨度相似，以显示字体的独特性。大西隆介制作的标志与字体构成了中之岛美术馆专属的视觉识别系统，并衍生出了多种美术馆专属的文创产品，为美术馆的文化输出打造了一张精美的明信片，加深了人们对中之岛美术馆的印象，也将美术馆推向了更广阔的舞台。

×图 15-15　美术馆周边的手提袋

日本京桥博物馆之塔

Museum Tower of Kyobashi

　　日本京桥博物馆之塔位于东京都中央区京桥 1-7-2，东京站前的京桥旁，四周不仅交通便利，而且具有浓厚的历史与商业氛围。京桥地区（Kyobashi）的历史可以追溯至江户时期（1603—1868）。17 世纪末，京桥地区开始初步形成。当时，此地区位于两条主要河流——隅田川和神田川的交汇处，因此这个地区也成为江户城（现在的东京）周边的一个重要交通枢纽。随着时代的发展，京桥地区因其水路运输的便利性，成为当时东京商业和文化的中心地区之一，许多商人和手工业者在这里开设店铺与手工作坊，形成了繁荣的商业景象。

×图 16-1　日本京桥地区传统绘画

　　进入 19 世纪，随着现代化进程的推进，京桥地区开始出现了更多的西式建筑与现代化设施，逐渐发展成为一个现代化的商业区，吸引了众多的企业和公司入驻，形成了一个集中式的现代化的商业风貌。但在第二次世界大战期间，此地区遭受了重创，街道、建筑以及公共设施损毁严重，已无法满足基本的商业功能。为了恢复往日的繁华，二战结束后此地区便组织开展了京桥地区的重建工作。根据打造未来商业核心区的设计定位，将办公楼、购物中心、餐饮场所和公共设施进行了统筹规划，构建了现代化商业、办公、文化和艺术汇集的商业核心区蓝图。经过重建工作的有序开展，以及不断加大招商引资力度，目前京桥已恢复往日的繁华，成为众多跨国公司和金融机构总部的聚集地。此外，京桥地区在进行重建的同时，也最大力度地修缮了一些战后遗留建筑，以开发与保护并行的方式，打造了目前京桥地区独特的风貌。

× 图 16-2　日建设计株式会社

　　提到京桥博物馆之塔，不得不提及该博物馆的设计方日建设计株式会社（NIKKEN），日建设计株式会社的发展历程可追溯到1900年。因大阪经济萧条，为使货币经济在关西地区也能生根发芽，让大阪重新成为"商业之都"，住友①决定开展银行业务，并计划建设总部，决议"确保数年建筑工期，打造足够坚固，堪为百年之用的建筑"。为建立货币经济体系和建设总部，1900 年由 26 名建筑专业人士组建的"住友总部临时建筑部"成立，成为日建设计株式会社的起点。1919 年住友在总部内设立"临时土木课"，并启动大阪北港项目；同年，为了推进项目，将临时土木课独立出来，与相关土地所有者工会共同成立"大阪北港株式会社"，"建筑"和"土木"两个专家团队在该项目中通力合作，奠定了日建设计株式会社组织架构的雏形。1929 年金融大萧条席卷全球，住友也遭遇了严重的危机，不得不进行裁员。当时被称为住友合资会社工作部的设计技术部门领导长谷部锐吉和竹腰健造因不忍看到员工们被遣散，于是决定一同离开住友，成立"长谷部竹腰建筑事务所"。长谷部竹腰建筑事务所因大阪证券交易所市场馆的建设项目获得高度评价，因此获得了更多项目启动资金，在偿还了最初所借的全部资金后，独立成为日本第一家法人形式的建筑设计事务所。第二次世界大战结束后，住友历尽艰辛归来，决定为那些失去工作的技术人员筹建一家公司。怀着"在废墟中建设新日本"的理想，住友创立了名为"日本建设产业"的公司，继而创立了"日建设计工务"。日建设计工务因具有对建筑和土木一体化设计及施工能力，受到驻日美军日本建设总部（JCA）高度评价，并与 JCA 形成合作关系。日建在与 JCA 共事的过程中学到西方的更多新技术、设计规范以及公司架构等专业内容，并开展了大量日本国内的建设项目，这些经验成为日建设计株式会社现今海外项目和项目管理的基础。在 1960 年国民收入倍增计划和 1964 年东京奥运会的刺激下，日本经济加速增长。随着普通企业的发展壮大，办公室上班族人数激增，随之而来的是对大型办公楼的前所未有的"需求"，这给日建设计开拓大型办公楼建设项目带来了前所未有的机

① 住友作为一家历史悠久的重工业生产企业，也是日本最古老的企业集团之一，拥有 400 多年的历史，具有强大的技术实力和市场影响力，在全球范围内享有盛誉。

遇。1970 年，日建设计工务株式会社更名为"日建设计株式会社"。与此同时，日本的社会和技术如大爆炸般从这一年开始了剧烈变革。1972 年提出的日本列岛改造论①推动了城市改造和地方城市建设，全国各城市都因此开始寻求新的发展。在这一背景下，日建设计株式会社为满足进一步发展日本第二大城市大阪的"需求"，承接了大阪商业公园（OBP）项目。随着日本市场从成长阶段发展为成熟阶段，众多企业开始寻求拓展全球市场，于是产生了对国际机场的需求，日本首个全时运营的机场设施关西国际机场在日建设计株式会社的手笔下应运而生。至此，日建设计株式会社开始逐渐成为日本海内外地标建筑设计的代名词。例如，由日建设计株式会社设计、建设的日本全国勤劳青少年会馆（现中野 SUN PLAZA）、日本东京巨蛋（Tokyo Dome）、日本东京晴空塔、日本涩谷 Scramble Square、日本 DaiyaGate 池袋、日本成田国际空港第 3 旅客航站楼、中国上海西岸国际人工智能中心、中国新源国际石家庄综合体——蜂巢、中国苏州现代传媒广场、印度尼西亚雅加达 Menara Astra、迪拜天际线（New Dubai Skyline）、蒙古塔（Mongol Tower）、俄罗斯莫斯科 Botanic Garden、科伦坡港口城新金融中心等诸多海内外地标建筑项目。

日建设计株式会社自在大阪创立，经历百余年的不断发展变革，如今总部设立于东京都千代田区饭田桥 2-18-3，总裁兼首席执行官为大松敦，拥有涵盖城市规划、建筑设计、土木工程、环境研究等各个领域的专家团队，总员工数达 3041 人，其中日本一级注册建筑师 1244 人、二级注册建筑师 155 人（数据截至 2023 年 4 月 1 日）。同时，日建设计株式会社在中国（上海、北京、大连、成都、深圳），韩国（首尔），越南（河内、胡志明），新加坡，泰国（曼谷），迪拜酋长国（迪拜），沙特阿拉伯（利雅得），俄罗斯（莫斯科)，西班牙（巴

① 1972 年 6 月，作为竞选纲领，田中角荣正式提出了"日本列岛改造"构想。同月，由日刊工业新闻社出版了《日本列岛改造论》一书。

塞罗那）开设了分公司，成为世界上最大的设计集团之一。

　　日建设计株式会社在传承创始初期的"需求""项目""贡献"这一循环模式下，通过不断深入优化为客户提供可持续发展的解决方案，并致力于在全球范围内推动建筑和城市发展。其所承担的设计项目已遍布全球 50 多个国家、250 多座城市，打造了多座具有代表性的城市地标建筑，因其城市可持续化的设计理念与高质量的建筑工程闻名于世，连续多年综合实力排名世界前列。

　　京桥博物馆之塔作为日建设计株式会社的代表作之一，于 2019 年 7 月竣工完成。2020 年 1 月 18 日，位于该建筑 1—6 层的 Artizon 美术馆（Artizon Museum）正式向公众开放。京桥博物馆之塔的高度为 149.56 米，占地面积 2813.74 平方米，建筑总面积 41829.51 平方米。建筑为了将地震造成的损失降到最低，从防灾和事业持续的角度出发，采用了整体框架免震结构，地上 23 层，地下 2 层，由 Artizon 美术馆与高端商务办公室共同构成。建筑内部设置了停电时也能 72 小时供电的应急发电机。另外，在大楼的 8 层至 9 层安装了变电设备、应急发电机以及热源等设备，以保证在洪水和海啸等水灾中也能维持建筑物的使用功能。从保护艺术品的角度出发，美术馆展览空间配置在建筑的 4 层至 6 层之间。无论在基础设施方面还是对展品的保护方面，京桥博物馆之塔都具有前瞻性。

　　京桥博物馆之塔采用现代化设计，注重功能性与实用性。其解构主义风格的外观，呈现出一种简洁而有力的美感。这种设计风格既体现了日本现代建筑的典型特征，也与世界各地的都市地标性现代建筑风格相接轨。其标志性特点为建筑顶部具有一个巨大的弧线形屋顶，行走于街道的人们一眼就可以欣赏到建筑屋顶曼妙的曲线。因其高耸入云般的建筑体量与具有标志性的弧形屋顶，故被人们称作"京桥博物馆之塔"。

　　因京桥博物馆之塔与街道紧密相连，为了将底层建筑与周围街道的自然景观相融合，底层的建筑外立面使用了植物绿化墙①的方式，植物墙上方的玻璃幕墙与周边的现代化商业建筑风格相呼应。建筑的四个立面通过参数化设计分析计算，优化了铝制框架的组合方式，采用了 6 个铝框百叶的不同组合形式，从而在确保有充足的光线可以进入大楼内部的同时，使位于内部的人们也可以透过百叶窗欣赏到室外的景色。建筑外立面大面积的竖向铝合金百叶线条，在视觉上形成了纵向连续的肌理效果，提升了建筑纵向高度的视觉感受。在光线的照射下，凸起的铝合金百叶部分会被照亮，而其他部分则处于阴影中，这样建筑的立面便呈现出了明暗对比强烈的视觉效果，正如著名的哲学家黑格尔所说"建筑是凝固的音乐"一般，呈现出一种动人的韵律感和节奏感，使整个建筑显得更加立体和生动。当阳光从不同的角度照射到建筑立面上时，建筑各个部分的光影效果也会随着光照的角度不断变化。这种动态的光影变化不仅可以让人们感受到时间的流逝，而且让建筑显得更加生动和灵活，宛如一件雕塑作品。

　　纵观京桥博物馆之塔这座高大的建筑主体，其造型层次结构如同高耸挺拔的古希腊多立克②的柱式结构，具有由底层的绿化墙体与玻璃幕墙构成的"柱基"，银色竖向铝合金百叶构成的"柱身"，弧形屋顶构成的"柱头"的分布特点，

---

①　植物绿化墙是一种墙面装饰方式，利用植物的根系对生长环境的超强自适应能力，使自然界中栖息于平地上的植物永久地生长于垂直的建筑墙面，为建筑设计和建筑装饰提供了一种新型的有机生态材料。植物绿化墙与传统的硬质墙面相比，具有更加自然、环保、节能、低碳的特点，同时也具有更加灵活的空间划分能力和装饰效果。植物绿化墙的主要特点是利用植物的生态功能和形态特点，将自然与建筑完美地结合在一起，营造出一种生态、自然、舒适的环境氛围。

②　多立克是古希腊古典建筑的三种柱式之一，出现于公元前 7 世纪。多立克柱式的柱头呈倒圆锥形，柱身有 20 条凹槽，柱基简洁明了，与地面相连。柱高与柱直径的比例为 6∶1，雄健有力，因此多立克柱被视为男性的象征。著名的雅典卫城的帕特农神庙所采用的就为多立克柱式。

彰显出了现代建筑纵向比例的协调之美与古典的韵味。

　　2021 年 7 月 29 日，欧洲杰出建筑师论坛大奖评审团公布了 2020—2021 年度最终入围名单，该奖项包含了过去 24 个月里最优秀的国际建筑设计项目。由于疫情原因，2020 与 2021 两届合并，入围作品仅有 78 件，竞争十分激烈。欧洲杰出建筑师论坛大奖设立于 2001 年，每年举办一次，面向全球建筑师、供应商和其他设计人才，表彰全球范围内最具创新性与近期完成的建筑设计，致力于推动被评选出的作品成为全球典范，所有获奖及入围作品均被视为建筑设计行业的标杆。京桥博物馆之塔凭借着前卫的造型设计与优质的建造工艺，作为具有创新性的建筑设计典范，入围了 2020—2021 年度欧洲杰出建筑师论坛大奖。

✕图 16-3　街边建筑景观

× 图 16-4　京桥博物馆建筑外立面

京桥博物馆之塔的前身为普利司通艺术博物馆，建于 1951 年，是为了纪念普利司通 (Bridgestone) 的创始人石桥正二郎 [①]，在当时也被作为前卫艺术的象征。改建后的京桥博物馆之塔，将面向八重洲通一侧的旧美术馆的正面入口移至中央通一侧，并在入口周围设置广场。在入口位置的右侧能看到一排直径 1.8 米、高 8 米的立柱，柱子表面由经过切割而成的小型正方形灰色花岗岩拼贴而成，具有马赛克拼贴的艺术效果。最接近入口处的一根立柱作为建筑内部空间的通风口，从外部直接贯穿至建筑的 5 层。这种由石柱延伸到内部空间的方式，如同一棵自然生长的大树与建筑形成了共生关系，为美术馆的入口提升了辨识度。

Artizon 美术馆内部不仅拥有现代化的展览空间，还包括多个展厅、活动室和咖啡厅等设施。一层咖啡厅的入口，由 9 个高 8 米、宽 2.5 米的大型电动旋转门相连。旋转门闭合时如同一面巨大的落地窗，开启后通向外部广场，与该地区在广场开展的艺术活动无缝连接。当参观者在观展之余来到咖啡厅，品尝用时令食材做的饭菜、糖果和饮料的同时，向内可以感受到博物馆宁静淡雅的艺术氛围，向外则可目睹室外广场上人头攒动的热闹景象。

---

① 石桥正二郎（Shojiro Ishibashi, 1889—1976），是日本一名实业家，出生于日本福冈县久留米市。作为普利司通轮胎的创始人，对日本橡胶工业和汽车工业的发展具有巨大的贡献。

×图16-5　现代主义的内部空间

　　咖啡厅的整体色调以黑、白、灰为主。地面的铺装使用了由日建设计株式会社原创开发的人造大理石和自然小碎石相结合的大型地砖，并在灰色的地砖表面用白色线条进行装饰，与地面及墙面的 LED 灯带相呼应。墙面使用黑花岗岩和印度砂岩等自然素材，石材表面的细微颗粒与地面的凹凸碎石形成了细腻、丰富的视觉肌理，打破了黑、白、灰风格的单调性。咖啡厅吧台上方的悬挑结构与咖啡厅的原创座椅均使用原木色，吊顶搭配暖黄色的线性 LED 灯带，原木材质与暖色系的照明为现代简约风格的空间增添了温馨的氛围。值得关注的是，此空间利用了墙体的高低差与线性灯来划分不同功能的空间区域，提升了视野开阔性的同时，明确了空间中人的活动路线。这种巧妙的分区方式，提升了空间中人与人的互动性。

×图 16-6　咖啡厅

　　咖啡厅的这种设计灵感来源于日本传统的缘侧空间。缘侧空间是日本传统建筑中的一种特殊空间，既不属于室内，也不属于室外，而是位于建筑的外墙和屋顶之间，通常作为檐廊或阳台。考虑到"缘侧"容易被雨淋湿，有些传统住宅会将此空间用竹或木制的移门封起来。在不同时节，通过自由开关的移门，可以领略早春粉樱、夏夜凉风、深秋红叶、寒冬飘雪，拉近了人与自然的关系。日本建筑师黑川纪章①将"缘侧"定义为"灰"空间。它最大的特点是不割裂内外空间，也不是完全独立存在于内部与外部之外，而是将室内外之间的障碍破除，达到人—空间—自然之间活动的联动关系，也可以看作对原有生活空间的一种延伸。目前，许多当代日本本土和西方的建筑设计师都将缘侧这一传统日式住宅元素融入建筑或室内设计当中，以取得对外界连续性的效果。

咖啡厅吧台上方的悬挑结构为美术馆的二层，设置了具有悬浮感的矩形围合空间，作为京桥美术馆的馆内商店，售卖与美术馆展览内容相关的文创产品及美术书籍。美术馆的商店区域由透明玻璃扶手围合而成，使得馆内商店更加轻盈与通透。人们在挑选纪念品的同时，可以站在悬挑平台上俯视一层大厅及咖啡厅空间。商店整体风格既延续了大厅空间黑、白、灰现代简约风格的色彩体系，又加上了木制展柜来柔化空间。天花与墙体白色瓷砖的拼贴方式相呼应，做白色网格化处理，加上暖色筒灯作为商店区域照明的主光源，周围又搭配暖色系的 LED 灯带。商店区域的照明系数与照度强于一层空间的照明强度，不仅在空间层次上起到了突出区域的作用，还为大厅空间起到了点缀的效果。

京桥博物馆之塔的三层为美术馆的报告厅，内部配有最先进的可视化视听设备，可容纳约 100 人。这个多功能报告厅作为博物馆开展与艺术教育相关活

---

① 黑川纪章（Kisho Kurokawa，1934—2007），是日本著名建筑师，出生于日本爱知县名古屋市。1957年毕业于京都大学建筑学专业，1962年成立黑川纪章建筑城市设计研究所，1964年获东京大学博士学位。黑川纪章是新陈代谢派的代表人物之一，代表作品包括中银胶囊大楼、福冈银行本店、蚕丝之家等。他的作品不仅在日本国内广受赞誉，在国际上也获得了很高评价。他曾获得过许多重要的建筑奖项，包括日本建筑学会奖、日本艺术学院奖等。他的作品和思想影响了日本和世界各地的建筑界，被誉为"日本现代建筑的旗手"之一。

动的重要场所，会定期举办艺术讲座、研讨会以及其他聚会活动。报告厅因其现代化的定位，由一整面玻璃推拉门与建筑的玻璃幕墙成 L 形围合而成。同时利用棚面的 LED 灯带界定了场所的空间界限，形成了半围合半开放的空间样式，呈现出一种简洁的小剧院风格。为了满足开展艺术交流的灵活性需求，报告厅的天花与地面铺装延伸至外部的公共区域，将推拉门全部打开后，便形成了内外互通的开放空间，为艺术交流提供了更广阔的场域。

×图 16-7 美术馆内部报告厅

美术馆三层至六层公共区域的墙面统一使用了大面积的黄铜切割面板，面板经过振动研磨工艺后，形成了无垢、细腻的表面质感，伴随着室内的光线透露着温暖且柔软的金色。另外，公共区域的照明采用了见光不见灯的间接照明方式。柔和的光线由上至下，与墙面的材质形成了渐变的视觉效果，增强了公共区域的立体感和纵深感，以及空间的连续性。公共区域墙面安置的视觉导向系统起到了为参观者提供视觉指引的作用，也是大型公共建筑内部极其重要的指示系统。美术馆的视觉导向系统将各功能区域的图像符号化，采用极细 LED 作为新灵感的"狭缝灯"，使文字和图像悬浮于墙体表面，在提高可视性的同时，给空间带来轻快的印象。

× 图 16-8　卫生间导引

　　美术馆的展览空间集中于京桥博物馆之塔的四层至六层。在四层空间中设置了博物馆的展览室、休息室、信息室三个功能区域。信息室位于建筑四层北侧的角落，与南侧的扶手通道相对，位置十分醒目，易于寻找。信息室在谋求信息的安全管理和业务的效率化的同时，研究了能够激发参观者对知识产生好奇心的数字收藏墙。通过数字收藏墙，参观者能够直观地看到美术馆藏品的高清图像以及藏品的相关数据。另外，参观者利用手机连接馆内的 Wi-Fi，可以使用亚马逊美术馆的应用 App 享受语音指南和作品解说。信息室的设立，使参观者能够快速直观地查阅博物馆相关的各种信息以及展览情况。

　　四层的展览室被隔断墙分为多个相互连通的小型展厅空间，以及一个开放式的前厅。展览室的前厅成为连接入口和各展厅的过渡空间，不仅起到了分散人流的作用，还起到了为展览主题宣传的作用。展厅所展出的大部分作品都是来自石桥基金会所收藏的西方艺术品及日本近代艺术作品，包括室町时代雪舟的《四季山水图》、法国画家雷诺阿的《坐着的夏庞蒂埃小姐》等名家之作。为了能够一览无余地展现古典屏风画等大尺度藏品，展厅中还专门设置了横宽15米的一体式无缝隙高透射玻璃展柜。展柜内安装了有机EL照明 ① 等最先进的系统，能够在理想的照明环境下进行高效的展示。另外，为了消减参观者在观展过程中的疲劳感，设计将休息室与展览室相连，参观者可以顺着展厅中的指示系统来到南向窄条形的休息室，在此感受到如同阳光房般惬意的氛围，透过休息室的玻璃幕墙还可以居高临下地观赏京桥区的美景。

美术馆的五层与六层为多用途展览空间，可举办各种大、中、小型的展览，也适合多样化的展览方式。两层的展览空间的格局基本相同，内部通过解构主义设计方式，注重展示空间的开放性与可变性。以白色隔断墙的围合方式，将展览空间划分成大小不同的展示区域，这些展厅以相互独立的方式排列于展览空间当中，形成了有着不同宽度、深度及高度的空间集合。各展示区围合墙体之间的空隙，自然而然地形成了引导人流走向的三维步道空间，步道宽度基本控制在 3.6 米至 4 米之间，能够满足四个人并列通行。步道空间的地面与展厅水平面相齐，达到了无障碍通行的标准。

展览空间的隔断墙以线性对称的开口方式，作为各展厅的出入口，便于指引参观者在空间中自由进出。对称式开口的设计也使得展厅水平方向的空间更加通透。透过墙体的开口位置望去，墙体之间错落有致，让人感受到展厅空间虚实相生、层峦叠嶂般的视觉效果。同一楼层局部的展厅隔断墙与墙体开口在水平位置上被设计成错位关系，如同影壁墙一般，起到了局部遮挡的作用，提

---

① 有机 EL（电致发光）照明技术是继 LED 之后的新型固态电光源技术，具有面发光、透明和薄与轻的特质。

升了展厅之间的神秘性。正如芦原义信[①]在《街道的美学》中对建筑外部空间美学的理解，街道两侧建筑自身凹凸区域所形成的空间赋予了人们聚集的属性，可以为街道增添活力与神秘色彩。各展厅空间之间因墙体之间的错落布局，在展览空间中形成了多个转折的阳角与阴角关系，形成了芦原义信街道美学理论中的凹凸区域，为展厅空间提供了让参观者能够驻足、交流的空间。另外，设计利用空间的转折关系，将装置艺术以及美术作品置于各转角处，经过巧妙的布局，使得参观者在每个转角都能发现新的展品，不仅形成了展厅之间动线的过渡空间，也可以让参观者自然而然地在各展厅之间"偶遇"艺术。这种转角设计既增加了空间的趣味性，又为参观者提供了一种探索式的观展体验。

为了全面提升参观者观展的舒适感，展览空间的空调系统使用了全新的换气设备，利用5毫米的木地板接缝作为空调系统的出风口，将新鲜、温湿度稳定的空气从整个地板缝隙中慢慢吹出，然后将顶部的空气推高，从天花板开始换气，实现了展厅内部空气的自发式循环，降低了空调系统对人体产生的气流感以及室内温湿度不均匀的情况。此外，美术馆为了使展览空间的照明具有展演般的效果，便于调节，使用了与YAMAGIWA株式会社共同开发的可调光、调色（2700—4500K）规格的高品质LED聚光灯。LED聚光灯采用了无线系统控制，可以用手机、平板电脑远程控制灯光的变化，极大地提高了展厅照明系统的工作性能。

---

① 芦原义信（1918—2003），是日本当代著名建筑师，1942年毕业于日本东京大学建筑系，1953年毕业于美国哈佛大学研究生院，历任日本法政大学、武藏野美术大学和东京大学教授，曾担任日本建筑学会主席、日本建筑师协会主席，1980—1982年担任日本建筑家学会会长。芦原义信对建筑学与空间美学的结合进行了深入研究，并提出了积极空间与消极空间的概念。他认为，积极空间是人为地在自然中划定空间从而创造的有目的的外部环境，而消极空间则是自然无限延伸的离心空间。他的设计理念和作品风格独特，将日本传统建筑文化与现代设计理念融合在一起，为现代建筑和城市规划注入了新的思想和灵感。

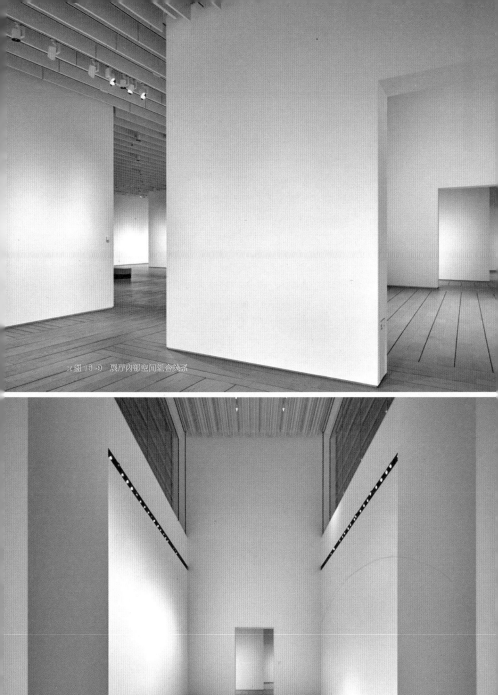

※ 图 16-9　展厅内部空间组合关系

※ 图 16-10　极简主义的美术馆展厅

　　除了在展厅中以常规的方式展示以外，美术馆还巧妙地将藏品融于公共区域，使其成为公共区域的一分子。具有代表性的是日本室内设计的领军人物仓俣史朗(1934—1991)的家具作品，使用了特殊金属的单人沙发和以"haugh high the moon"命名的双人沙发，还有几乎未曾公开的半月形大型玻璃长椅等家具作品，都摆放于六层展览室入口的大厅区域，参观者不仅可以近距离地触摸家具材质，还可以作为休息座椅进行体验。不难发现，置于美术馆公共区域的每一件器物都是出自名家之手。这种非常规的展示方式，不仅拉近了参观者与大师作品的距离，也让藏品回归到艺术最为质朴的一面。

　　京桥博物馆之塔的六层以上为商务办公空间，因主体建筑为框架结构，所以具有内部空间跨度大、举架高的特点。办公空间整体风格依然与大厅现代极简风格相一致，通透的落地窗不仅体现了现代化的办公氛围，也为室内提供了充足的自然采光，降低了室内照明的电能消耗。办公空间的棚面以白色的铝扣板与LED集成吊顶灯相结合,并在吊顶水平距离2米左右设置一处吸顶式排风扇。其水平化的处理方式不仅使得棚面平整而明亮，而且满足了室内照明与空气循环的功能需求。地面的铺装使用整体拼贴式的深灰色PCV地毯，与洁白的天花形成了鲜明的对比，地毯米黄色的装饰线条打破了空间的单调性，营造出干练简约的办公环境。

×图 16-11　建筑外部立面桁架细节

×图 16-12　内庭院

因京桥博物馆之塔具有 149.56 米的纵高，使上层建筑与周围的自然环境产生了界限。为了达到建筑与自然环境共生的效果，在京桥博物馆之塔的二十一层至二十三层之间设置了跃层式花园庭院，并以庭院为中心建立了纵横交错的交通枢纽，形成了小型室内生态系统。通过对植物生长环境的营建，打造了可循环式的微观生态圈，为人们提供了一种能够与自然亲近的舒适环境。在二十一层的办公区域向内透过玻璃窗望去，可以看到中庭的植物景观。中庭景观融入日本传统庭院以静观景的坐观式[①]与动态观景的回游式[②]两种设计手段。中庭景观植物的处理，寻求自然之境下的生长模式，将常绿植物与四季变化的植物相搭配，将乔木、灌木与地被植物根据不同高差进行还原式造景。景观边缘用碎石、树皮、木屑进行填补围合，减少人工材质的干预，营造了返璞归真的自然气息。该办公空间既可以让工作人员在固定的工位观赏中庭内的绿化景观，也可沿着中庭的玻璃幕墙，从不同角度欣赏庭院植物四季的变化。在高强度的工作氛围中，这种设计进一步拉近了人与自然的距离，以景观疗愈的方式缓解人们在工作中的压力与疲劳。在对二十二层与二十三层的景观处理上，以错层悬挑的方式进行节点化布局，分别设置了景观节点及休息区域的景观带。以景观节点为纽带，左右两侧分别设置了通往各办公区域的交通步道，便于办公人员与参观者穿梭于室内花园之中。景观步道空间作为建筑内部之间的过渡区域，地面的铺装与办公区域的公共空间地面保持一致，使用原木色的瓷砖铺贴，达到了空间界面的视觉连续性。景观步道以玻璃扶手围合，既保证了人们行走的安全，又使人能透过玻璃扶手俯视下层的绿化景观。

① 坐观式设计方法源于日本小型茶室庭院造景的方式。坐观式强调从单一的观赏角度去欣赏园林美景，注重细节和精致，同时强调与自然和谐的气氛。

② 回游式设计方法是日本综合性的造园设计方式，通过多个景点的组合与变化，创造出一种丰富而有趣的景观效果。与坐观式不同，回游式强调的是一种动线的美，观赏者可沿着设定的围合式路线，欣赏到不同角度和视点的美景，进而感受自然和人文元素的和谐共存。

×图 16-13　高层建筑的挑空的休息空间

　　休息区域的景观带为半开放的围合空间，呈现瓶颈式先抑后扬的空间特征。休息区内的花池造型做了倾斜角处理，由高逐渐变缓至水平，形成了缓坡的态势。当参观者环顾四周时，仿佛置身于起伏的山林之中，产生舒缓与宁静的感受。此外，京桥博物馆之塔的景观分明的玻璃屋顶、玻璃幕墙巧妙地结合，不仅提升了空间的美感，也给植物带来了充足的阳光，促进了植物的光合作用，净化了室内的空气。悬挑错层式的室内景观，也为参观者带来了丰富的视觉体验。

×图 16-14　建筑内部的景观绿化

京桥博物馆之塔目前已然成为京桥地区的地标性建筑，为京桥地区的商业繁荣与艺术发展注入了全新的活力。该博物馆无论从建筑造型还是室内空间处处体现出日建设计株式会社项目团队对材质、尺度、照明、绿化的细致把控，以及对人的视觉与行为方式的设计思考，在空间美学中既突出了建筑结构主义的棱角之美，又通过几何形的内部空间逻辑，创造了具有连续性的对话空间，为参观者提供了一个如同穿梭于街巷般的参观体验。

× 图 16-15　结构主义构成美学

结／语

　　博物馆是城市中最为重要的公共空间，承载着当地历史与文化的记忆。很多国家和城市都将博物馆打造成一张文化名片，向世界发出邀请，展示地区的文明与时代的进步。博物馆在城市公共空间的社会化和公众化进程中有着不可或缺的作用，随着时代的发展，人们对博物馆的空间形式与展陈内容提出了不同的要求。民众对博物馆成功与否的判断，不仅仅是建筑在空间和视觉上的合理，更多的是博物馆对公民意志的认同和期待。

　　博物馆是打造城市公共空间品质的重要窗口。现代的博物馆展览，不再是以往的"收藏"式展陈场所，而是以藏品和展品背后的故事为线索，将展品间的相关信息进行串联，形成更加全面和系统的信息体系和知识脉络，在特定的展陈主题构架下，让展品与策展内容及蕴藏的文化被充分揭示。完整性的叙述对策展及博物馆信息传播提出了更高的要求。

　　博物馆的参与性让民众对城市文化与身份认同有了更加深入的了解。现代信息传媒的介入激发了博物馆的影响力及其对文化的延伸。空间情境的构建一方面回应着博物馆自身教育功能的特性，一方面与时俱进地影响着人们对空间文化的理解。现实的空间场地与展品内容，通过信息化手段真实地再现在观众面前是当代博物馆美育输出的重要范畴，人们可以更加快速准确地找到自己要获得的信息点，相较过去游走式的空间体验，虚拟窗口和社区的生态对访问者的知识背景的整合，能够更好地服务于博物馆的信息传递。同时，以较小的成本和可持续发展的眼光，对待博物馆的线上信息传达，如信息采集、数据提取、整理与反馈成为博物馆的重要积累，为博物馆资源后续的发展奠定了基础。因此，信息化的生成、整合与完善是时代赋予博物馆的新的发展方向，更是博物馆美育传播的重要维度。

图书在版编目（CIP）数据

博物馆空间解析与美育：走进世界的博物馆 / 刘治
龙著 . -- 长春：东北师范大学出版社，2024.6
ISBN 978 - 7 - 5771 - 1437 - 8

Ⅰ . TU242.5

中国国家版本馆 CIP 数据核字第 2024X8C167 号

□责任编辑：刘晓军　□封面设计：方　圆
□责任校对：杨晓丽　□责任印制：侯建军

东北师范大学出版社出版发行
长春净月经济开发区金宝街 118 号（邮政编码：130117）
电话：0431—84568079
网址：http://www.nenup.com
长春市昌信电脑图文制作有限公司制版
吉林省良原印业有限公司印装
长春市净月小合台工业区（邮政编码：130117）
2024 年 6 月第 1 版　2024 年 9 月第 2 次印刷
幅面尺寸：145mm×210mm　印张：9　字数：240 千字

定价：79.00 元